零基础
爱尔兰蕾丝钩织花片
100

〔日〕河合真弓 著　　蒋幼幼 译

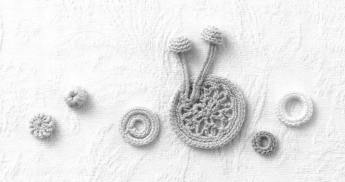

河南科学技术出版社

· 郑州 ·

前　言

爱尔兰蕾丝是源于爱尔兰的钩针编织蕾丝，

最大的特点就是富有立体感的花草花片。

为了使初学者也能享受其中的乐趣，

我分别于2009年、2012年出版了2本爱尔兰蕾丝钩编图书。

本书在已经出版的花片基础上增加了新的花片，

一共为大家介绍了100种花片。

除了代表性的玫瑰花和三叶草，

还设计了许多不同种类的花片，

比如让人一看就忍俊不禁的蘑菇花片。

这些花片都是用稍粗的蕾丝线以及简单的技法钩织而成，

请大家务必多多尝试。

熟练之后不妨使用40号蕾丝线进行钩织，

同一种花片也会呈现出截然不同的细腻感。

请尽情畅游在爱尔兰蕾丝的精彩世界里吧！

希望本书能对您有所助益。

河合真弓

目 录

爱尔兰蕾丝钩织小物

作品一览

将钩织好的花片连接起来，试着制作成饰品、围巾和包包吧。
也可以参照书中作品，选择自己喜欢的花片进行改编。

学院风手提包
p.80

项链
p.80

扁平手提包
p.82

迷你围巾
p.84

三叶草和圆环花片的收纳包
p.90

环保网兜和零钱包
p.92

饰带
p.96

花片育克套头衫
p.100

玫瑰花片祖母包
p.101

圆环连接的束口袋
p.104

装饰领
p.105

镂空大披肩
p.108

戒枕
p.109

手提包
p.112

爱尔兰蕾丝钩织基础

开始钩织前，先来介绍一下必须掌握的钩针蕾丝以及爱尔兰蕾丝的钩织基础。

材料和工具

蕾丝钩针

有0~14号，号数越大，针头就越细。要钩织出精美的蕾丝作品，根据线的粗细选择合适的蕾丝钩针尤为重要。基本原则之一是选择与线差不多粗细的钩针。不过，即使使用相同的线，也可以根据具体的作品要求变换针号。比如，想要钩织紧实的手提包就用细一点的钩针，想要钩织松软的围巾就用粗一点的钩针。请根据自己的编织密度和喜欢的风格选择合适的钩针。

缝针

用于线头处理。针头圆钝、不易劈线的缝针使用起来会比较方便，比如适用于细线的缝针和十字绣针等。

剪刀

建议使用头部比较尖细而且锋利的手工专用剪刀。

蕾丝线

表示纱线粗细的单位叫作"支（号）"，"40号"的线标记为"#40"。号数代表的是纱线重量与长度的关系，数字越大，线就越细长。不过，即使是相同的号数，不同厂家生产的线在粗细上也多少存在一定的差异。本书主要使用钩针蕾丝初学者也能轻松编织的蕾丝线。

[实物粗细]

蕾丝钩针0号

蕾丝钩针2号

缝针

剪刀

奥林巴斯 Emmy Grande
棉100％，每团50g/约218m，
蕾丝钩针0号至钩针2/0号，47色

奥林巴斯 Emmy Grande <Herbs>
棉100％，每团20g/约88m，
蕾丝钩针0号至钩针2/0号，18色

奥林巴斯 金票40号蕾丝线
棉100％，每团10g/约89m，
蕾丝钩针6~8号，<纯色>48色

握针和挂线的方法

为了钩织出精美的蕾丝作品，正确的握针、挂线和绷线方法都至关重要。
一直按自己习惯钩织的朋友也不妨借此机会确认一下吧。

◎挂线方法（左手）

 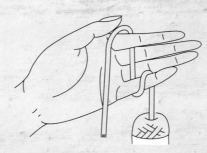 

将线穿过中间2根手指的内侧，将线团放在外侧。

如果线比较纤细、顺滑，可以在小指上多绕1圈。

用拇指和中指捏住线头，竖起食指将线绷紧。

将线绷紧

◎握针方法（右手）

用拇指和食指的指腹轻轻捏住钩针，
再用中指抵住针头。

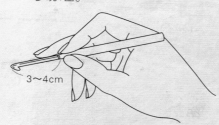

3～4cm

关于针目的高度和起立针

锁针是衡量针目高度和宽度的基准。
这不仅是蕾丝钩织，也是所有钩针编织的基础，先来了解
一下吧。

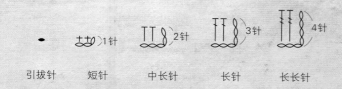

引拔针　　短针　　中长针　　长针　　长长针

◎针目的高度

在钩针编织中，针目的高度可以相应地换成锁针的针数。

短针＝1针锁针
中长针＝2针锁针
长针＝3针锁针
长长针＝4针锁针

以此类推，比如3卷长针和4卷长针，每多绕1圈线，就增加1针锁针的高度。
而引拔针无锁针，所以全部钩织引拔针的行不计为1行。

◎立织的锁针

每行的钩织起点往往根据该行针目的高度钩织一定针数的锁针，这就是"立织的锁针"（即起立针）。原则上，立织的锁针计为1针，但是短针的起立针不计入针数。另外，在立织的锁针计为1针的情况下，起针时不要忘了在第1行的起立针下面多钩织1针锁针（作为基础针）。

下面是实际钩织的针目，请比较一下它们的高度。

引拔针　　　　　短针　　　　　中长针　　　　　长针　　　　　长长针

编织图的看法

立体花片是爱尔兰蕾丝钩织的一大特点。
花片的钩织方法大致可以分为2种。

◎重叠钩织针目的花片

就像两层或三层花瓣的玫瑰，在网格针基底（锁链）上钩织出重叠的花瓣。

◎加入芯线钩织的花片

包住芯线（即填充线）钩织，可增加花片的饱满度。
编织图中的彩色线就是芯线。

在网格针基底（锁链）上钩织出重叠花瓣的花片

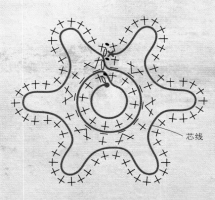

芯线

包住芯线钩织的花片

要点

什么是"芯线"？

芯线是沿着花片的形状包在针目里面钩织的填充线。在针目里加入芯线，可以增加花片的厚度和立体感。本书作品中用的芯线，是将编织花片时的线折叠成束后当作芯线使用。

另外，加入芯线钩织花片时，芯线的松紧度会影响花片的大小。请根据想要的成品尺寸和形状进行适当调整。

为了便于理解，步骤详解中使用了和编织线颜色不同的芯线。
实际编织时，要使用和编织线颜色相同的线。

花片的基础钩织技法

下面是钩织爱尔兰蕾丝花片时常用的基础技法。

线束环形起针

这种起针方法可以使花片的中心更加饱满。在指定粗细的棒状物体上（此处使用棒针）缠绕编织线，制作成线束环。

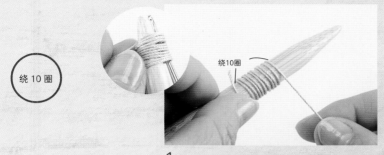

绕10圈

1.将线头压在棒针的针轴上，均匀地并排绕线。将绕好的线环滑至针头，再移至钩针上。

2.用手指捏住绕好的线束以免散开，从线束环中将线拉出。

加入芯线

◎在编织花片的中途加入芯线

在一行（圈）的终点钩织引拔针时加入芯线。在芯线的折叠处插入钩针，再挂上编织线引拔。

◎将芯线接在编织线上

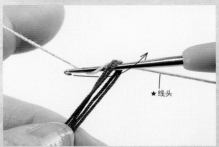

★线头

1.在芯线的折叠处插入钩针，将编织线拉出。

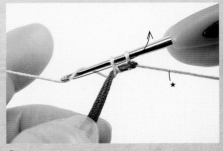

★

2.接下来包住整束芯线钩织，注意将线头（★）朝相反方向拉紧。线头等到最后再做处理。

花片的钩织终点

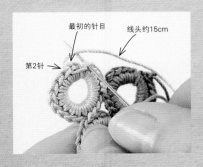

最初的针目

线头约15cm

第2针

在钩织起点的第2针的头部插入缝针，再回到最后一针的中心。这样就在第1针的头部用缝针缝出了1针锁针并重叠，将钩织起点和钩织终点连接在一起。

芯线的线头处理

将线头穿入花片反面的针目里。先将芯线的线束分成两半，再分别穿入针目里。

爱尔兰花片100

花朵花片

从楚楚可人的小花，到重叠两三层花瓣的精美的大花朵，
再到连着茎叶的可爱花朵，宛如连笔画一般借助芯线造型的花朵……
花朵花片是爱尔兰钩针蕾丝中不可或缺的一大主角。
再加上狗牙针和泡泡针等针法，可以演绎出无穷的变化。

1 非洲堇，2 岩玫瑰，3 两层花瓣的玫瑰，4 铁线莲，5 攀缘玫瑰

＊钩织方法 1~4…p.14，5…p.30

6a

7

9

8

6b

6c

6 万寿菊，7 姜饼月季，8 诺福克月季，9 金翅雀野蔷薇

10 山茶花，11~13 三层花瓣的玫瑰

※钩织方法 6…p.70, 7、8…p.15, 9…p.54, 10、13…p.42, 11…p.14, 12…p.68

1 非洲堇 图片…p.11

[材料和工具] 线…奥林巴斯 Emmy Grande <Herbs> 米白色（800）

芯线…取140cm长的线折成4根（35cm×4根）

针…蕾丝钩针2号，特大号棒针7mm（针轴7mm）

[钩织要点] 在棒针上绕线制作线束环形起针（参照p.9）。在第1圈终点的引拔针里加入芯线，钩织花瓣。

2 岩玫瑰　3 两层花瓣的玫瑰　11 三层花瓣的玫瑰

图片…2、3　p.11，11　p.13

[材料和工具] 线…奥林巴斯 Emmy Grande　2 原白色（804）/3 <Herbs> 浅米色（732）/11 奶油色（851）、浅米色（808）

针…蕾丝钩针2号，3、11 棒针10号（针轴5.1mm）

[钩织要点] 2 是锁针环形起针，3、11 是在棒针上绕线制作线束环形起针（参照p.9）后开始钩织。花瓣的网格针锁链（基底）是将花片翻到反面，改变方向钩织。2 的第6~8圈钩织网格针，3 钩织至编织图的第5圈。

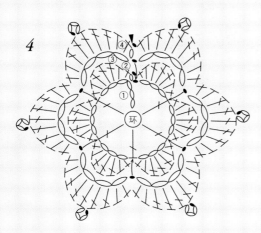

＋ =在前一圈针目里插入钩针，加入芯线钩织

▷ = 钩织起点　● =加入芯线
► = 钩织终点　✖ =芯线的终点

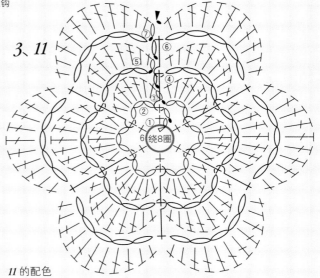

11 的配色
第1、2、4、5圈…浅米色，第3、6、7圈…奶油色

4 铁线莲 图片…p.11

[材料和工具] 线…奥林巴斯 Emmy Grande 原白色（804）

针…蕾丝钩针2号

[钩织要点] 用线头环形起针后开始钩织。第1、3圈钩织花瓣的网格针锁链（基底），第2、4圈钩织花瓣。钩织终点与起点的针目做连接。

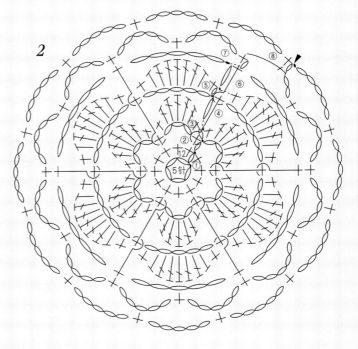

※ 本书编织图中数字①、②…代表圈数，数字1、2…代表针数

7 姜饼月季 8 诺福克月季

图片…p.12

[材料和工具] 线…奥林巴斯 Emmy Grande 7
奶油色（851）/8 <Herbs> 沙米色（814）
针…蕾丝钩针 2 号，特大号棒针 7mm（针轴
7mm）

[钩织要点] 在棒针上绕线制作线束环形起针
（参照 p.9）后开始钩织。第 3、5、7 圈钩织
花瓣的网格针锁链（基底），第 4、6、8 圈在
前一圈的锁链上整段挑针钩织花瓣。第 5、7
圈的锁链是将花片翻至反面，改变方向钩织。

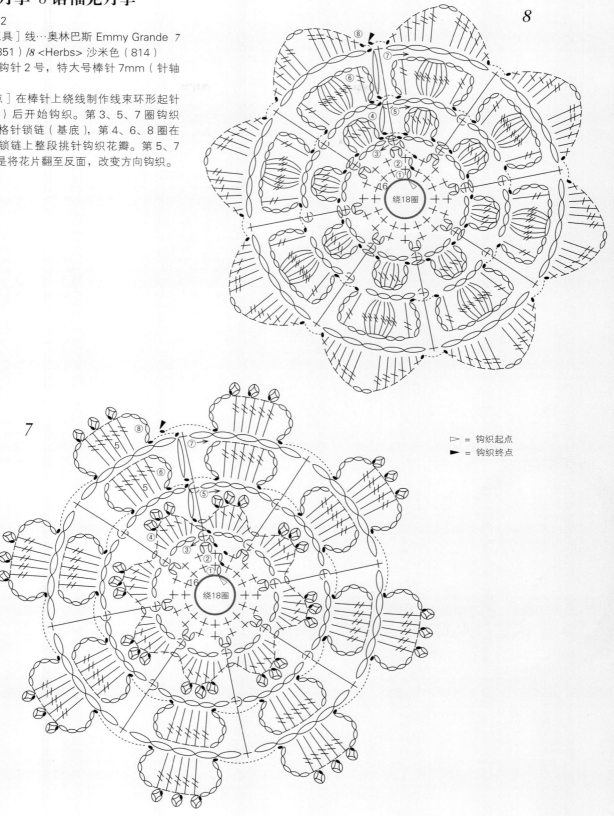

▷ = 钩织起点
► = 钩织终点

14 康乃馨，15 报春花，16 现代灌木玫瑰，17 万寿菊

＊钩织方法 14~16…p.18，17…p.47

14

15

16

17

18a

19

18b

20

21

22

18 向日葵，19 菊苣，20 雏菊，21 樱草花，22 非洲菊

＊钩织方法 18···p.47，19、21、22···p.19，20···p.23

17

14 康乃馨 图片…p.16

[材料和工具] 线…奥林巴斯 Emmy Grande 原白色（804）
针…蕾丝钩针 2 号，棒针 8 号（针轴 4.5mm）
[钩织要点] 在棒针上绕线制作线束环形起针（参照 p.9）后开始钩织。第 3~5 行往返钩织每片花瓣，第 5 行结束后移至下一片花瓣继续钩织。

15 报春花 图片…p.16

[材料和工具] 线…奥林巴斯 Emmy Grande 奶油色（851）、
<Herbs>浅米色（732）
芯线…取 100cm 长的线折成 4 根（25cm×4 根）
针…蕾丝钩针 2 号
[钩织要点] 用线头环形起针后开始钩织。在第 4 圈终点的引拔针里加入芯线。第 5 圈的花瓣是在芯线上挑针钩织。花芯是在第 1 圈的中长针的根部挑针钩织。

16 现代灌木玫瑰 图片…p.16

[材料和工具] 线…奥林巴斯 Emmy Grande 原白色（804）
芯线…取 260cm 长的线折成 4 根（65cm×4 根）
针…蕾丝钩针 2 号，特大号棒针 7mm（针轴 7mm）
[钩织要点] 在棒针上绕线制作线束环形起针（参照 p.9）。在第 1 圈终点的引拔针里加入芯线，钩织花瓣。钩织终点与钩织起点的针目做连接。

※第 5 圈的引拔针是在第 4 圈的 2 针短针之间插入钩针钩织

花瓣

花芯

花瓣的第 1 圈

环

▷ = 钩织起点
▶ = 钩织终点

● = 加入芯线
✕ = 芯线的终点

† = 在前一圈针目里插入钩针，加入芯线钩织

※在花瓣第 1 圈的中长针的根部挑针钩织

19 菊苣 图片…p.17

[材料和工具] 线…奥林巴斯 Emmy Grande <Herbs> 浅米色（732）

芯线…取200cm长的线折成4根（50cm×4根）

针…蕾丝钩针2号，棒针15号（针轴6.6mm）

[钩织要点] 在棒针上绕线制作线束环形起针（参照p.9），在第1圈终点的引拔针里加入芯线钩织花瓣。第2圈在前一圈的短针里每隔1针挑针钩织。第3圈在第2圈挑剩下的短针里插入钩针钩织。

21 樱草花 图片…p.17

[材料和工具] 线…奥林巴斯 Emmy Grande 原白色（804）

芯线…取180cm长的线折成4根（45cm×4根）

针…蕾丝钩针2号，棒针15号（针轴6.6mm）

[钩织要点] 用线头环形起针后钩织花A。花B在棒针上绕线制作线束环形起针（参照p.9），在第2圈终点的引拔针里加入芯线钩织花瓣。将花B重叠在花A的上面，对齐中心缝合固定。

22 非洲菊 图片…p.17

[材料和工具] 线…奥林巴斯 Emmy Grande <Herbs> 米白色（800）

芯线…取240cm长的线折成4根（60cm×4根）

针…蕾丝钩针2号

[钩织要点] 用线头环形起针后开始钩织，在第1圈终点的引拔针里加入芯线。第2圈一边在前一圈针目上挑针一边包住芯线钩织，第3圈在芯线上挑针钩织花瓣。每钩织1片花瓣，整理一下形状和大小。

▷ = 钩织起点　● = 加入芯线　× = 芯线的终点

▶ = 钩织终点　✛ = 在前一圈针目里插入钩针，包住芯线钩织

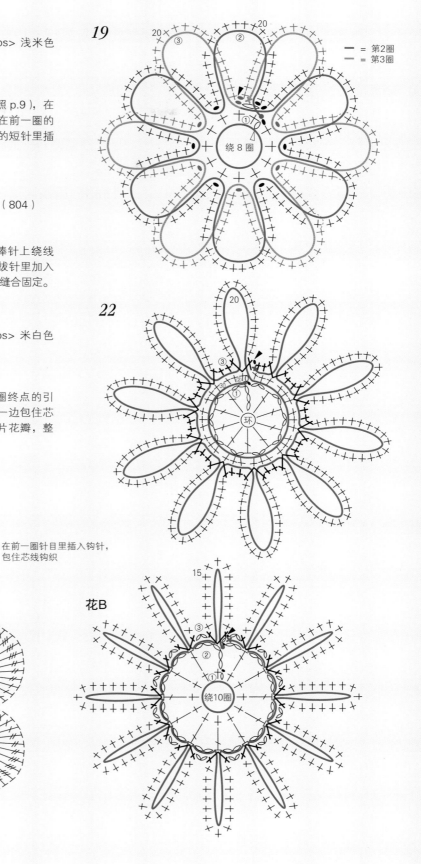

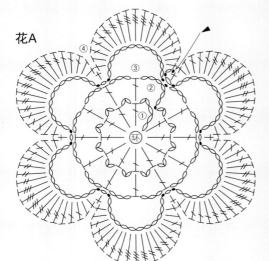

19

23 海冬青，24 四照花，25 蓝星花，26、27、30 雏菊，28 海滩芥，29 香豌豆

＊钩织方法 23～28…p.22，29…p.31，30…p.75

23a

24

25

26

27

23b

28

29

30

31

33a

32

33b

34

31 银莲花，*32*、*34* 凤仙花，*33* 凤仙花的变化花片

✳钩织方法 *31~34*⋯p.23

23 海冬青 图片…p.20

[材料和工具] 线…奥林巴斯（a、b 通用）Emmy Grande 浅褐色（736）/奶油色（851）
针…蕾丝钩针 2 号，特大号棒针 7mm（针轴 7mm）
[钩织要点] 在棒针上绕线制作线束环形起针（参照 p.9），钩织 2 圈。

24 四照花、27 雏菊

图片…p.20
[材料和工具] 线…奥林巴斯 Emmy Grande 24 浅褐色（736）/<Herbs> 27 卡其色（721）
芯线…24 取 60cm 长的线折成 4 根（15cm×4 根）/
27 取 80cm 长的线折成 4 根（20cm×4 根）
针…蕾丝钩针 2 号，特大号棒针 7mm（针轴 7mm）
[钩织要点] 在棒针上绕线制作线束环形起针（参照 p.9）。在第 1 圈终点的引拔针里加入芯线，钩织花瓣。

25 蓝星花 图片…p.20

[材料和工具] 线…奥林巴斯 Emmy Grande 原白色（804）、灰米色（812）
针…蕾丝钩针 2 号
[钩织要点] 用线头环形起针后开始钩织。在第 1 圈终点的引拔针上更换配色线钩织。

26 雏菊 图片…p.20

[材料和工具] 线…奥林巴斯 Emmy Grande 米色（731）
针…蕾丝钩针 2 号，棒针 10 号（针轴 5.1mm）
[钩织要点] 在棒针上绕线制作线束环形起针（参照 p.9）。第 2 圈将花片翻至反面，改变方向按"锁针和 5 针中长针的变化枣形针"钩织花瓣。钩织终点与钩织起点的针目做连接。

28 海滩芥 图片…p.20

[材料和工具] 线…奥林巴斯 Emmy Grande <Herbs> 沙米色（814）
芯线…取 80cm 长的线折成 4 根（20cm×4 根）
针…蕾丝钩针 2 号
[钩织要点] 将编织线接在芯线上开始钩织。每钩织 1 片花瓣，就在图中指定位置引拔。

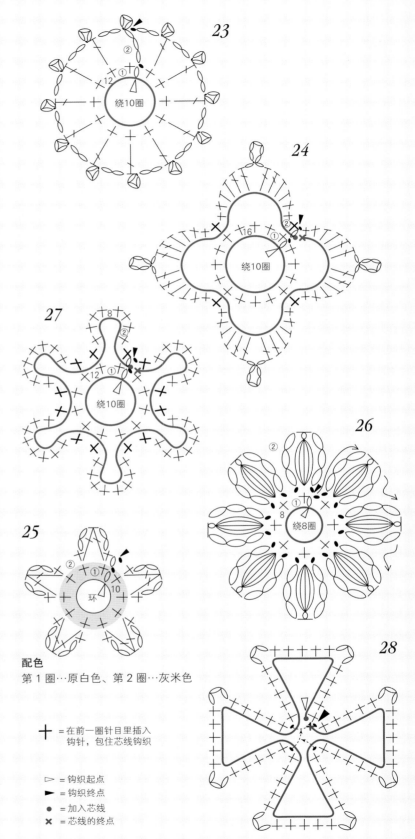

配色
第 1 圈…原白色、第 2 圈…灰米色

╋ = 在前一圈针目里插入钩针，包住芯线钩织

▷ = 钩织起点
► = 钩织终点
● = 加入芯线
✕ = 芯线的终点

22

31 银莲花，32、34 凤仙花

图片…p.21

[材料和工具] 线…奥林巴斯 Emmy Grande 31、34 <Herbs>
米白色（800）/32 浅米色（732）

芯线…31、34 取 100cm 长的线折成 4 根（25cm×4 根）/32
取 80cm 长的线折成 4 根（20cm×4 根）

针…蕾丝钩针 2 号，31、34 特大号棒针 7mm（针轴 7mm）
/32 特大号棒针 8mm（针轴 8mm）

[钩织要点] 在棒针上绕线制作线束环形起针（参照 p.9）。在
第 1 圈终点的引拔针里加入芯线，钩织花瓣。

33 凤仙花的变化花片 图片…p.21

[材料和工具] 线…奥林巴斯（a、b 通用）Emmy Grande 灰米
色（812）

芯线…取 190cm 长的线折成 4 根（47.5cm×4 根）/ 仅花朵：
取 90cm 长的线折成 4 根（22.5cm×4 根）

针…蕾丝钩针 2 号，棒针 15 号（针轴 6.6mm）

[钩织要点] 在棒针上绕线制作线束环形起针（参照 p.9）。在
第 1 圈终点的引拔针里加入芯线，钩织花瓣。接着钩织茎和
叶子。

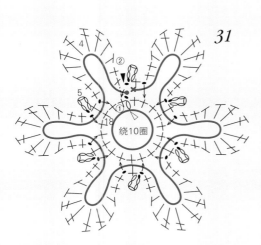

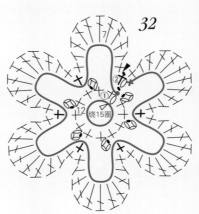

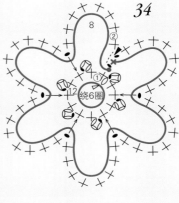

20 雏菊 图片…p.17

[材料和工具] 线…奥林巴斯 Emmy Grande <Herbs> 沙米色
（814）

芯线…取 140cm 长的线折成 4 根（35cm×4 根）

针…蕾丝钩针 2 号，特大号棒针 8mm（针轴 8mm）

[钩织要点] 在棒针上绕线制作线束环形起针（参照 p.9），在
第 1 圈终点的引拔针里加入芯线。第 2 圈的花瓣在芯线上挑针
钩织。钩织终点与钩织起点的针目做连接。

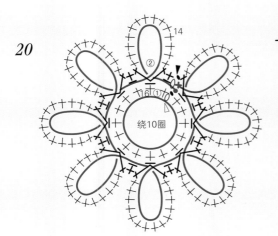

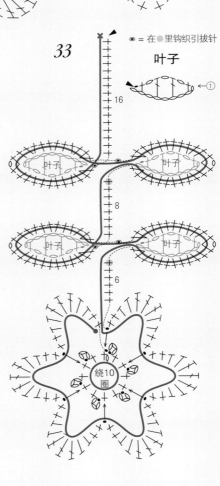

＋ = 在前一圈针目里插入钩针，
　　包住芯线钩织

▷ = 钩织起点

▶ = 钩织终点

● = 加入芯线

✕ = 芯线的终点

◉ = 在●里钩织引拔针

叶子

AUX GALERIES LAFAYETTE
·PARIS·
LA PIECE DE 11 METRES

DENTELLES 30

35

36

37

38

39

40

41

43

42

35、38 牛舌草，36 紫菀，37 蓟花，
39 春美草，40 虞美人，41 洛神花，42 婆婆纳，43 报春花（带茎叶）
＊钩织方法 35~38…p.26，39、41~43…p.27，40…p.59

36 紫菀 图片···p.24

[材料和工具] 线···奥林巴斯 Emmy Grande 灰米色（812）
芯线···取 170cm 长的线折成 4 根（42.5cm×4 根）
针···蕾丝钩针 2 号
[钩织要点] 锁针环形起针，在第 1 圈终点的引拔针里加入芯线。在芯线上挑针钩织花瓣，接着钩织 2 行花茎。

37 蓟花 图片···p.24

[材料和工具] 线···奥林巴斯 Emmy Grande <Herbs> 浅米色（732）
芯线···取 80cm 长的线折成 4 根（20cm×4 根）
针···蕾丝钩针 2 号，特大号棒针 8mm（针轴 8mm）
[钩织要点] 在棒针上绕线制作线束环形起针（参照 p.9），如图所示在第 2 行的指定位置加入芯线。第 2~6 行一边在前一行针目上挑针一边包住芯线往返钩织。接着钩织花茎。

35、38 牛舌草 图片···p.24

[材料和工具] 线···奥林巴斯 Emmy Grande 35 <Herbs> 浅米色（732）/38 原白色（804）
芯线···35 长茎：取 120cm 长的线折成 4 根（30cm×4 根），短茎：取 100cm 长的线折成 4 根（25cm×4 根）/38 取 80cm 长的线折成 4 根（20cm×4 根）
针···蕾丝钩针 2 号
[钩织要点] 35 在棒针上绕线制作线束环形起针（参照 p.9）。在第 1 圈终点的引拔针里加入芯线，钩织花瓣。花萼一边在前一行针目上挑针一边包住芯线钩织，接着钩织花茎。/38 锁针起针后，钩织 4 行花萼。在花瓣的钩织起点加入芯线，钩织花瓣。接着在针目上挑针，包住芯线钩织花茎。

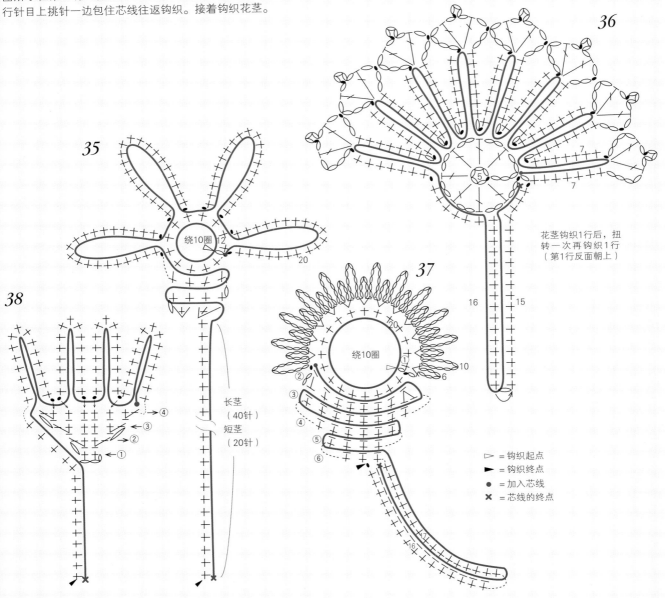

花茎钩织1行后，扭转一次再钩织1行（第1行反面朝上）

绕10圈

长茎（40针）
短茎（20针）

▷ = 钩织起点
► = 钩织终点
● = 加入芯线
✕ = 芯线的终点

39 春美草 图片…p.25

[材料和工具] 线…奥林巴斯 Emmy Grande 原白色（804）
芯线…取 60cm 长的线折成 4 根（15cm×4 根）
针…蕾丝钩针 2 号

[钩织要点] 锁针环形起针后开始钩织。第 2 圈是在前一圈的后面半针里挑针，钩织花瓣的网格针锁链（基底）。第 3 圈将锁链倒向花片的后面，在第 1 圈短针的前面半针里挑针钩织。第 4 圈是在第 2 圈的锁链上钩织花瓣。在终点的引拔针里加入芯线，钩织叶子。

41 洛神花 图片…p.25

[材料和工具] 线…奥林巴斯 Emmy Grande 原白色（804）
芯线…取 170cm 长的线折成 4 根（42.5cm×4 根）
针…蕾丝钩针 2 号，棒针 15 号（针轴 6.6mm）

[钩织要点] 在棒针上绕线制作线束环形起针（参照 p.9）。在图中指定位置加入芯线钩织花瓣，接着钩织花茎。

42 婆婆纳、43 报春花（带茎叶）

图片…p.25
[材料和工具] 线…奥林巴斯 Emmy Grande 原白色（804）
芯线…42 花朵和花茎：取 100cm 长的线折成 4 根（25cm×4 根），叶子：取 60cm 长的线折成 4 根（15cm×4 根）/43 花朵和花茎：取 180cm 长的线折成 4 根（45cm×4 根），叶子：取 60cm 长的线折成 4 根（15cm×4 根）
针…蕾丝钩针 2 号，棒针 15 号（针轴 6.6mm）
[钩织要点] 在棒针上绕线制作线束环形起针（参照 p.9）。在第 1 圈终点的引拔针里加入芯线，钩织花瓣和花茎。分别参照图示钩织并连接叶子。

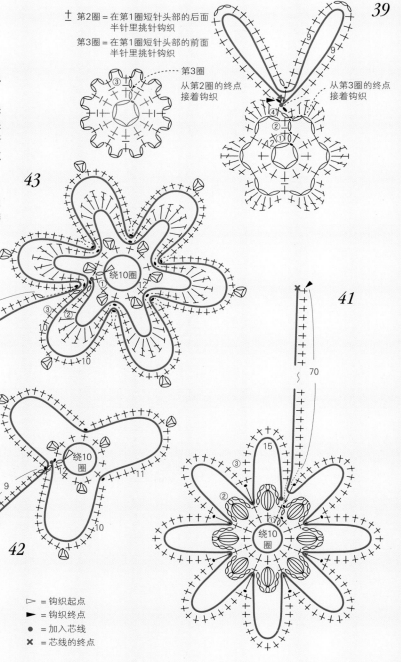

∓ 第2圈 = 在第1圈短针头部的后面半针里挑针钩织
第3圈 = 在第1圈短针头部的前面半针里挑针钩织

第3圈
从第2圈的终点接着钩织

从第3圈的终点接着钩织

▷ = 钩织起点
► = 钩织终点
● = 加入芯线
✕ = 芯线的终点

44 玫瑰的变化花片

45 古典庭院玫瑰，**46** 向日葵，**47** 海石竹

钩织方法 44…p.30，45…p.46，46、47…p.31

44a

44b

28

47b

45a

46a

45b

47a

46b

44 玫瑰的变化花片 图片…p.28

[材料和工具] 线…奥林巴斯 Emmy Grande a 原白色（804）/金票 40 号蕾丝线 b 白色（801）

芯线…花形轮廓：取 140cm 长的线折成 4 根（35cm×4 根）/取 160cm 长的线折成 8 根（20cm×8 根），花瓣的边缘：取 220cm 长的线折成 4 根（55cm×4 根）/取 360cm 长的线折成 8 根（45cm×8 根）

针…蕾丝钩针 2 号、6 号

[钩织要点] 用线头环形起针后开始钩织。重复钩织 8 圈花瓣的网格针锁链（基底）和花瓣。花瓣的锁链是将花片翻至反面，改变方向钩织。接着用往返钩织的方法在外侧钩织 5 片花瓣。在图中指定位置引拔加入芯线，一边在花瓣的针目上挑针一边包住芯线钩织边缘。在第 7 圈短针的拉针上加入芯线，钩织花形轮廓。

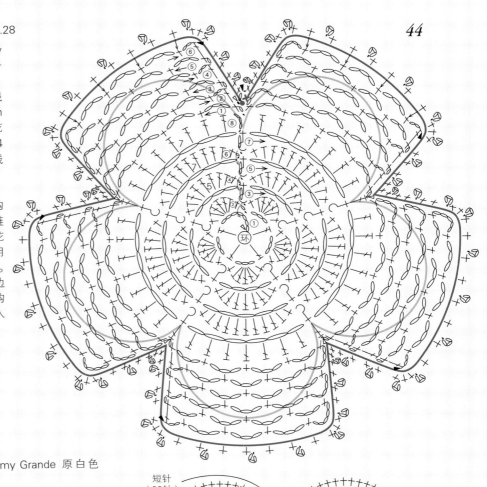

5 攀缘玫瑰 图片…p.11

[材料和工具] 线…奥林巴斯 Emmy Grande 原白色（804）

针…蕾丝钩针 2 号

[钩织要点] 用线头环形起针后开始钩织。第 1、2 圈钩织花瓣的网格针锁链（基底），第 3、4 圈钩织花瓣。第 4 圈是在第 1 圈的锁针上挑针，钩织内侧的花瓣。

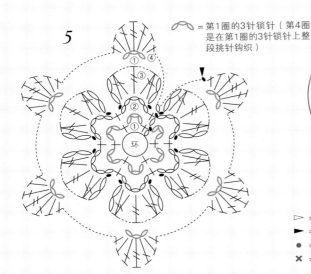

= 第1圈的3针锁针（第4圈是在第1圈的3针锁针上整段挑针钩织）

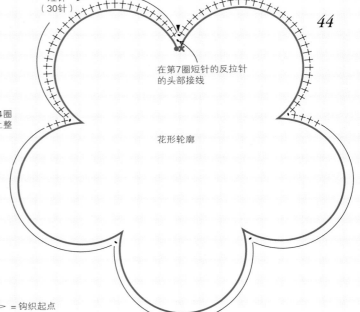

短针（30针）

44

在第7圈短针的反拉针的头部接线

花形轮廓

▷ = 钩织起点

► = 钩织终点

● = 加入芯线

× = 芯线的终点

30

46 向日葵 图片…p.29

[材料和工具] 线…奥林巴斯 Emmy Grande <Herbs> a 沙米色（814）/金票40号蕾丝线 b 浅灰色（484）

芯线…取200cm长的线折成4根（50cm×4根）/取360cm长的线折成8根（45cm×8根）

针…蕾丝钩针2号、6号，特大号棒针10mm（针轴10mm）/7mm（针轴7mm）

[钩织要点] b 的花片钩织至编织图的第4圈即可。a 在棒针上绕线制作线束环形起针（参照 p.9）。在第2圈的终点加入芯线，钩织第3、4圈。第5圈仅在前一圈的锁针上整段挑针钩织。

47 海石竹 图片…p.29

[材料和工具] 线…奥林巴斯 Emmy Grande <Herbs> a 卡其色（721）/金票40号蕾丝线 b 浅灰色（484）

针…蕾丝钩针2号、6号，特大号棒针10mm（针轴10mm）/7mm（针轴7mm）

[钩织要点] b 的花片钩织至编织图的第7圈即可。a 在棒针上绕线制作线束环形起针（参照 p.9）后开始钩织。第4圈是在前一圈的后面半针里每隔1针挑针钩织。第5圈是在前一圈的针目里依次钩织2针短针。第6、8圈将花片翻至反面钩织。第6圈是在第2圈短针的根部挑针，第8圈是在第6圈短针的拉针的根部挑针，钩织拉针。第7圈钩织花瓣。接着钩织第9～11圈。

29 香豌豆 图片…p.20

[材料和工具] 线…奥林巴斯 Emmy Grande 原白色（804）、灰米色（812）

芯线（与第2圈同色）…取60cm长的线折成4根（15cm×4根）

针…蕾丝钩针2号

[钩织要点] 用线头环形起针后开始钩织。在第1圈终点的引拔针上更换配色线，加入芯线继续钩织。

✝ =在前一圈针目里插入钩针，包住芯线钩织

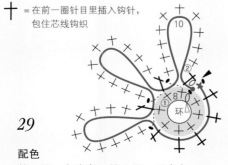

29

配色
第1圈…灰米色、第2圈…原白色

46

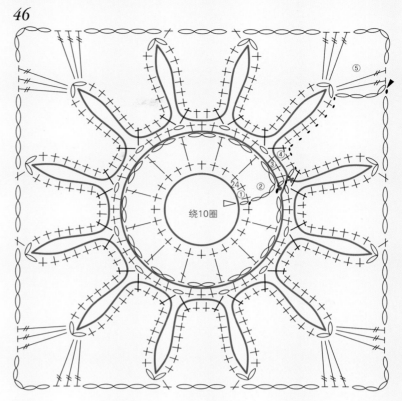

绕10圈

▷ = 钩织起点　　● = 加入芯线
► = 钩织终点　　✕ = 芯线的终点

47

绕10圈

叶子花片

说到爱尔兰蕾丝中具有代表性的叶子花片，

最有名的要数爱尔兰的国花三叶草（三片叶子的车轴草）和玫瑰的叶子。

叶子花片可以起到很好的衬托作用，使花朵花片更加突出。

这部分还尝试了几款新的设计，

巧妙运用了芯线和引返钩织等技法，单独使用也能展现出十足的存在感。

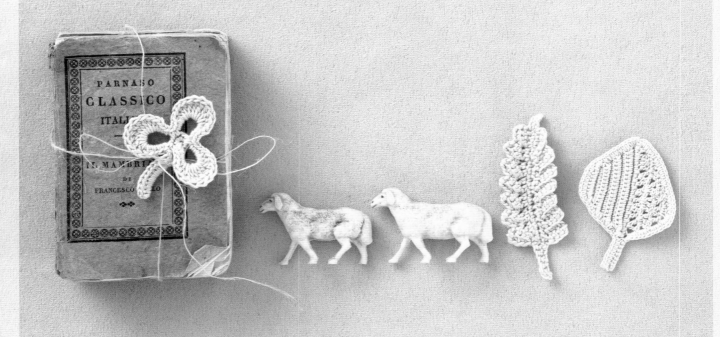

48~53 三叶草

※钩织方法 48、50、53…p.34，49、51…p.35，52…p.76

49

48

50

51

52

53

48、53 三叶草 图片…p.33

[材料和工具] 线…奥林巴斯 Emmy Grande 原白色（804）
芯线…48 取 160cm 长的线折成 4 根（40cm×4 根）/53 取
110cm 长的线折成 4 根（27.5cm×4 根）
针…蕾丝钩针 2 号

[钩织要点] 48　将编织线接在芯线上，从叶子的内侧开始钩织。
先钩织 3 片叶子，接着钩织 2 行叶柄。叶柄的第 1 行是针目的
反面，第 2 行是针目的正面。钩织终点与第 1 片叶子的第 2 行
做连接。53 将编织线接在芯线上，从叶柄开始钩织。叶柄的第
1 行完成后，接着钩织叶子。3 片叶子钩完后，用芯线制作中
心的线环，在芯线的交叉点上钩织短针固定线环。在中心的线
环上钩织一圈后，接着钩织叶柄的第 2 行。

50 三叶草 图片…p.33

[材料和工具] 线…奥林巴斯 Emmy Grande <Herbs> 浅米色
（732）
芯线…取 80cm 长的线折成 4 根（20cm×4 根）
针…蕾丝钩针 2 号

[钩织要点] 将编织线接在芯线上，从叶柄开始钩织。接着钩
织中心的线环，在叶柄的终点引拔。然后钩织 1 针锁针（★），再
按叶子 1、叶子 2、叶子 3 的顺序钩织。叶子 3 的终点在锁针
（★）里引拔，再在叶柄的第 1 行上引拔回到钩织起点。

55 玫瑰的叶子 图片…p.36

[材料和工具] 线…奥林巴斯 Emmy Grande 浅褐色（736）
针…蕾丝钩针 2 号

[钩织要点] 钩织 5 片叶子。叶柄钩织罗纹绳（参照 p.114）。
在叶子的顶端接线，一边钩织一边在图中指定位置与叶子做引
拔连接。

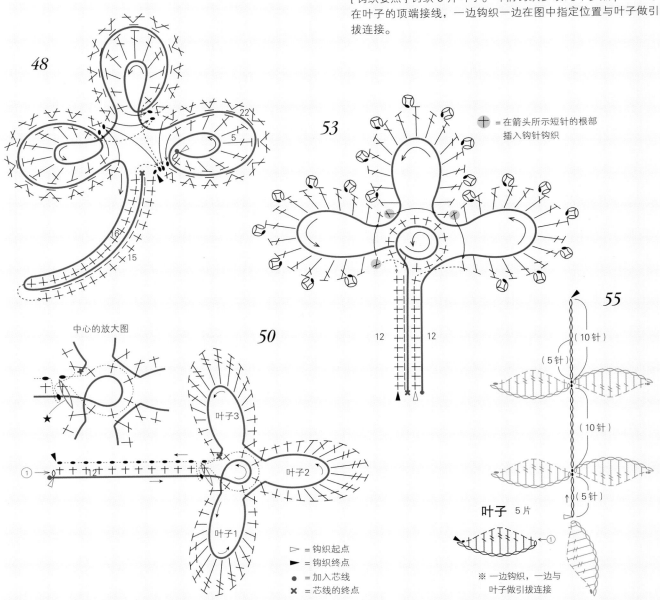

十 = 在箭头所示短针的根部
　　插入钩针钩织

中心的放大图

叶子 5 片

▷ = 钩织起点
► = 钩织终点
● = 加入芯线
✕ = 芯线的终点

※ 一边钩织，一边与
　叶子做引拔连接

49、51 三叶草 图片…p.33

[材料和工具] 线…奥林巴斯 Emmy Grande 49 <Herbs> 浅米色（732）/51 原白色（804）

芯线…49 取 580cm 长的线折成 4 根（145cm×4 根）/51 取 160cm 长的线折成 4 根（40cm×4 根）

针…蕾丝钩针 2 号，51 特大号棒针 7mm（针轴 7mm）

[钩织要点] 49 用线头环形起针，在第 1 圈终点的引拔针里加入芯线。在中心钩织 2 圈后，开始钩织叶子。接着钩织 2 行叶柄，最后的短针是在中心部分第 2 圈的起点针目里插入钩针钩织。51 在棒针上绕线制作线束环形起针（参照 p.9），在第 1 圈终点的引拔针里加入芯线。叶子和叶柄的第 1 行是在芯线上挑针钩织。第 2 行一边在前一行针目上挑针，一边包住芯线钩织。钩织终点与叶柄的钩织起点针目做连接。

54 羽状复叶 图片…p.36

[材料和工具] 线…奥林巴斯 Emmy Grande a 浅褐色（736）/b 奶油色（851）

芯线…取 200cm 长的线折成 4 根（50cm×4 根）（a、b 通用）

针…蕾丝钩针 2 号

[钩织要点] 将编织线接在芯线上，从叶柄开始钩织。接着钩织 2 行的叶子。叶柄仅在芯线上挑针钩织。按叶子 A~I 的顺序，包住芯线钩织叶子和叶柄。

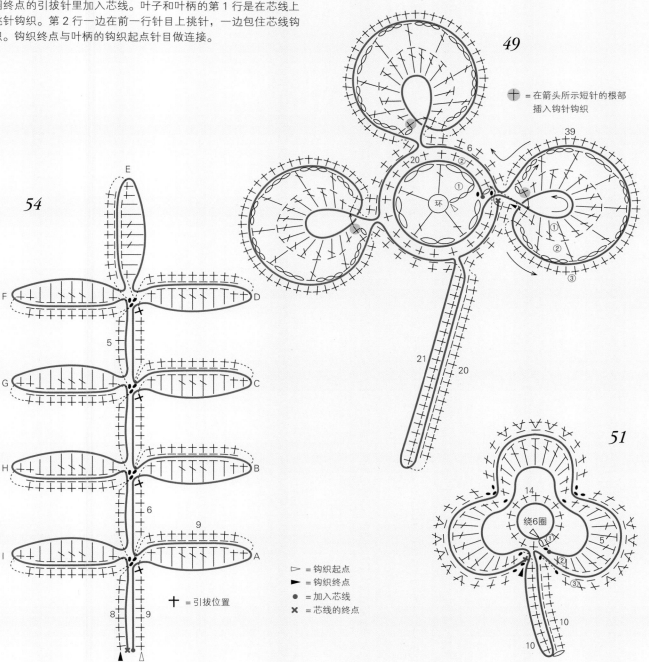

十 = 在箭头所示短针的根部插入钩针钩织

▷ = 钩织起点
► = 钩织终点
● = 加入芯线
✕ = 芯线的终点

十 = 引拔位置

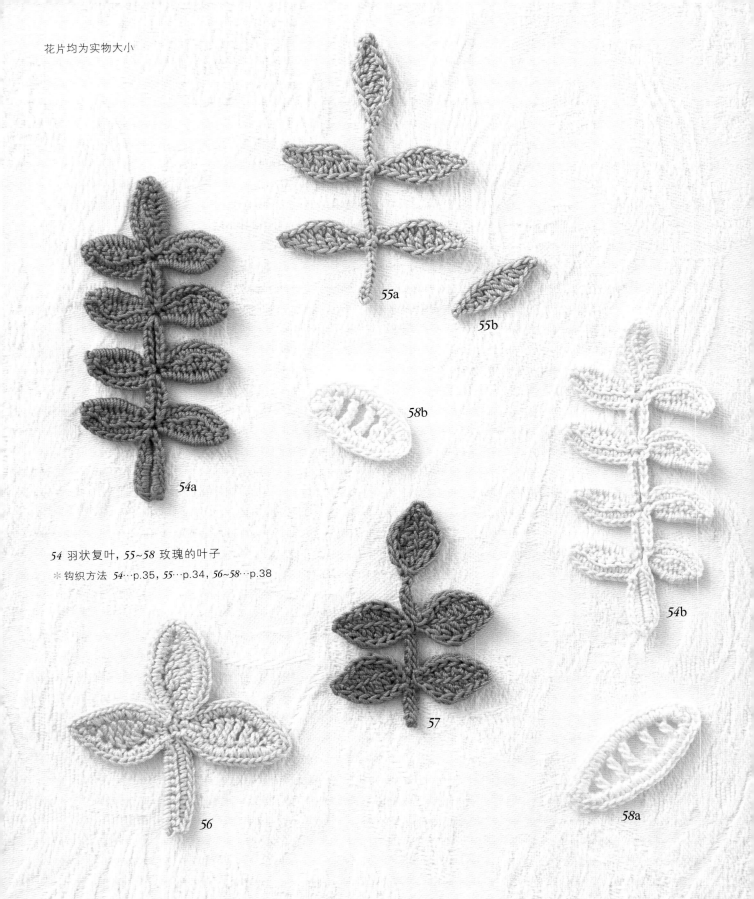

55a

55b

54a

58b

54b

54 羽状复叶，55~58 玫瑰的叶子
※ 钩织方法 54…p.35，55…p.34，56~58…p.38

57

56

58a

59 薄荷，60 药蕨，61、62 玫瑰的叶子，63 竹芋，64 金冠玉簪

❊ 钩织方法　59…p.38，60、61、64~p.39，62…p.74，63…p.51

59

64b

60

62b

61

62a

63

64a

56 玫瑰的叶子 图片…p.36

[材料和工具] 线…奥林巴斯 Emmy Grande 浅米色（732）
芯线…取 140cm 长的线折成 4 根（35cm×4 根）
针…蕾丝钩针 2 号
[钩织要点] 在起针锁针的里山挑针，连续钩织 3 片叶子。每钩织 1 片叶子，就在叶子 1 的起针锁针上引拔。在叶子 3 终点的引拔针里加入芯线，一边在叶子的周围挑针，一边包住芯线钩织短针。接着钩织 2 行叶柄。

57 玫瑰的叶子 图片…p.36

[材料和工具] 线…奥林巴斯 Emmy Grande 浅褐色（736）
针…蕾丝钩针 2 号
[钩织要点] 锁针起针后从叶柄开始钩织，接着钩织叶子。叶子是从锁针的两边挑针钩织，按 A~E 的顺序与叶柄连起来钩织。

59 薄荷 图片…p.37

[材料和工具] 线…奥林巴斯 Emmy Grande 原白色（804）
芯线…取 250cm 长的线折成 4 根（62.5cm×4 根）
针…蕾丝钩针 2 号
[钩织要点] 将编织线接在芯线上钩织 1 行叶柄，接着按 A~E 的顺序钩织叶子。叶子的第 1 行仅在芯线上挑针钩织，第 2、3 行暂不使用芯线，第 4 行一边在前一行针目上挑针，一边包住芯线钩织。叶子的引拔针全部在叶柄的第 16 针短针里插入钩针钩织。最后钩织叶柄的第 2 行。

58 玫瑰的叶子 图片…p.36

[材料和工具] 线…奥林巴斯 Emmy Grande a、b 原白色（804）
芯线…b：取 45cm 长的线折成 4 根（11.25cm×4 根）/a：取 80cm 长的线折成 4 根（20cm×4 根）
针…蕾丝钩针 2 号
[钩织要点] 锁针起针后，在锁针的里山挑针钩织 1 行。在终点的引拔针里加入芯线，一边在花片周围的针目上挑针，一边包住芯线钩织短针。

① 在锁针的里山挑针
② 在锁针的后面半针里挑针

＋ = 引拔位置

▷ = 钩织起点
▶ = 钩织终点
● = 加入芯线
✕ = 芯线的终点

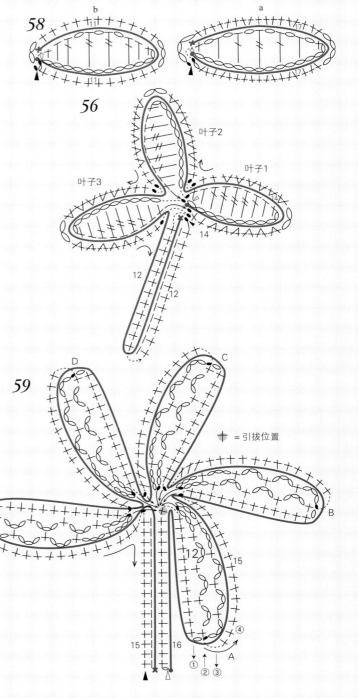

38

60 药蕨 图片…p.37

[材料和工具] 线…奥林巴斯 Emmy Grande 原白色（804）
芯线…取 145cm 长的线折成 4 根（36.25cm×4 根）
针…蕾丝钩针 2 号
[钩织要点] 将编织线接在芯线上，从叶子的中间开始钩织。第 2 行暂不使用芯线，从短针的两侧挑针钩织。在终点的引拔针里再加入芯线，一边在前一行针目上挑针，一边包住芯线钩织叶子的外圈。接着钩织 2 行叶柄。

61 玫瑰的叶子 图片…p.37

[材料和工具] 线…奥林巴斯 Emmy Grande 浅褐色（736）
芯线…取 240cm 长的线折成 4 根（60cm×4 根）
针…蕾丝钩针 2 号
[钩织要点] 在起针锁针的里山挑针，先钩织 5 片叶子。将编织线接在芯线上，从叶柄开始钩织。叶柄是在芯线上挑针钩织，叶子按 A~E 的顺序，一边在叶子的针目上挑针，一边包住芯线钩织。叶子 E 完成后，钩织引拔针回到叶柄的钩织起点。

64 金冠玉簪 图片…p.37

[材料和工具] 线…奥林巴斯 Emmy Grande a 原白色（804）/
金票 40 号蕾丝线 b 浅米色（731）
芯 线…a 取 320cm 长 的 线 折 成 4 根（80cm×4 根）/b 取
320cm 长的线折成 8 根（40cm×8 根）
针…蕾丝钩针 2 号、6 号
[钩织要点] 锁针起针，钩织 4 行（彩色底纹部分）后将线剪断。将编织线接在芯线上，钩织 1 行叶柄，然后一边在刚才钩织的叶子周围挑针，一边包住芯线钩织短针。叶子剩下的一半钩织 8 行，接着将芯线和编织线拉到叶子的顶端，继续钩织叶子的外圈。最后钩织叶柄的第 2 行。

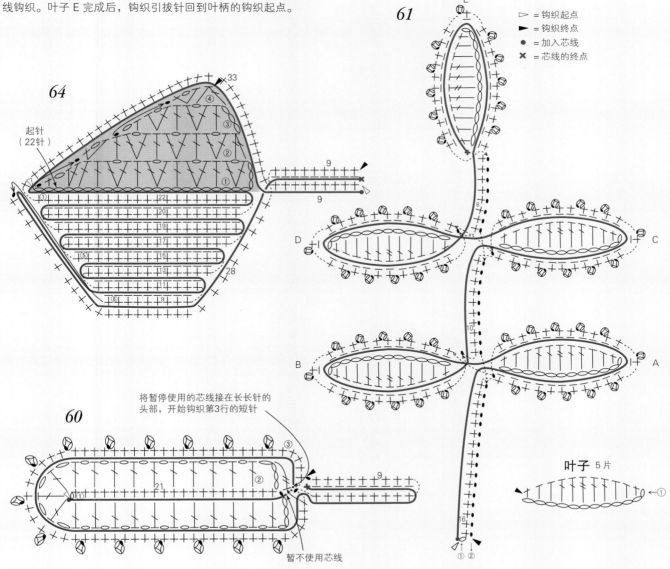

Lithograph from   ed Nature, 1809

66a

TH

AN American cowboy on his first vis   n sat amazed   ooked
from the windows of his railway carriage on this journe
to London.

"But where are all the people?" he asked.

The cowboy was accustomed to the spaces of the rang
populous cities like New Yo   Chicago and Seattle as a
American scene, b   ve of his countrymen for facts
doubtless co   Britain with America in the pages   Atlas
and learne   ntry there was the extraordinarily dense human
population   are mile—more than one person for every acre
of ground   mind had conjured a vision of some extended
Piccadilly   rizons beyond those of a Trafalgar Square or at
best a Hy

And he   through English country, the railway taking as if
by intentio   ed the beauty and variety of that which is England.
The train s   high and rugged plateau of Dartmoor, an empty-seeming
place from the carriage windows, through a cathedral city called Exeter which was
surely not as big as Laramie, Wyoming; on again through the lush meadows
and little woodlands of Somerset where he saw a woman milking a Channel Island

7

65 蕨叶，66~68 叶子，69 被虫子咬过的树叶
钩织方法 65、69…p.42，66…p.72，67…p.43，68…p.71

70 飞燕草, 71、72 鹅掌柴, 73 枫叶
钩织方法 70~72…p.43, 73…p.58

70

71

72

73

花片均为实物大小

41

10 山茶花、*13* 三层花瓣的玫瑰 图片…p.13

[材料和工具] 线…奥林巴斯 Emmy Grande *10* 白色（801）、
原白色（804）/*13* 白色（801）

针…蕾丝钩针 2 号，棒针 10 号（针轴 5.1mm）

[钩织要点] 参照图示，分别用指定方法起针后开始钩织。花瓣的网格针锁链（基底）是将花片翻至反面，改变方向钩织。钩织终点与钩织起点的针目做连接即完成 *13*。再钩织果实（参照 p.65）作为花芯，缝在花片的中心即完成 *10*。

65 蕨叶 图片…p.40

[材料和工具] 线…奥林巴斯 Emmy Grande <Herbs> 浅米色（732）

针…蕾丝钩针 2 号

[钩织要点] 在叶子的中间锁针起针，分上、下两部分引返钩织。叶子完成后，接着钩织叶柄。

69 被虫子咬过的树叶 图片…p.40

[材料和工具] 线…奥林巴斯 Emmy Grande <Herbs> 浅米色（732）

针…蕾丝钩针 2 号

[钩织要点] 在叶子的中间锁针起针，在半针和里山 2 根线里挑针。另一侧在剩下的 1 根线里挑针。前一行是锁针时，整段挑针钩织。

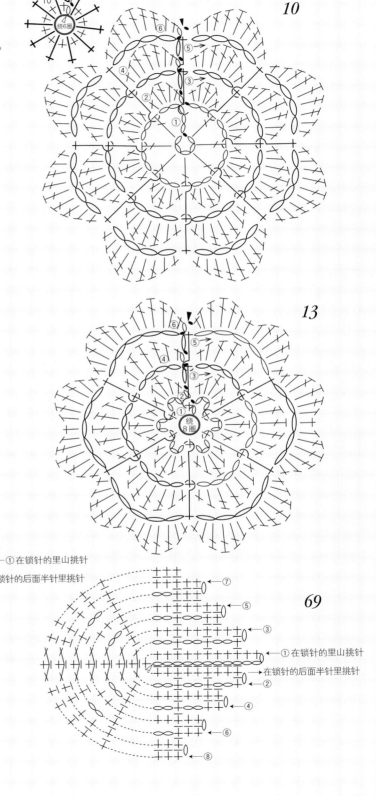

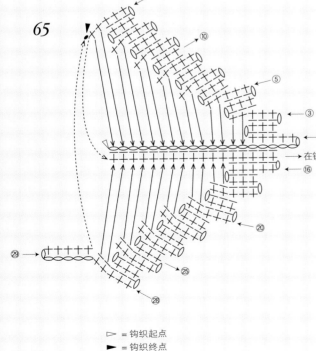

▷ = 钩织起点
► = 钩织终点

67 叶子 图片…p.40

[材料和工具] 线…奥林巴斯 Emmy Grande 浅褐色（736）
芯线…取 180cm 长的线折成 4 根（45cm×4 根）
针…蕾丝钩针 2 号
[钩织要点] 将编织线接在芯线上开始钩织。从第 2 行开始，每行翻转花片，一边在前一行针目上挑针，一边包住芯线钩织。第 2 行另一侧的挑针是在第 1 行的 2 针短针之间插入钩针，包住芯线钩织。

70 飞燕草 图片…p.41

[材料和工具] 线…奥林巴斯 Emmy Grande 灰米色（812）
芯线…取 340cm 长的线折成 4 根（85cm×4 根）
针…蕾丝钩针 2 号
[钩织要点] 将编织线接在芯线上，从叶子 A 开始钩织。叶子 D 的第 2 行与叶子 E 的第 1 行连同叶柄一起钩织。

71、72 鹅掌柴 图片…p.41

[材料和工具] 线…奥林巴斯 Emmy Grande 71 <Herbs> 浅米色（732）/72 米色（731）
芯线…71 取 200cm 长的线折成 4 根（50cm×4 根）/ 72 取 240cm 长的线折成 4 根（60cm×4 根）
针…蕾丝钩针 2 号
[钩织要点] 将编织线接在芯线上开始钩织。短针的棱针是在前一行的后面半针里插入钩针，包住芯线钩织。短针仅在芯线上挑针钩织。

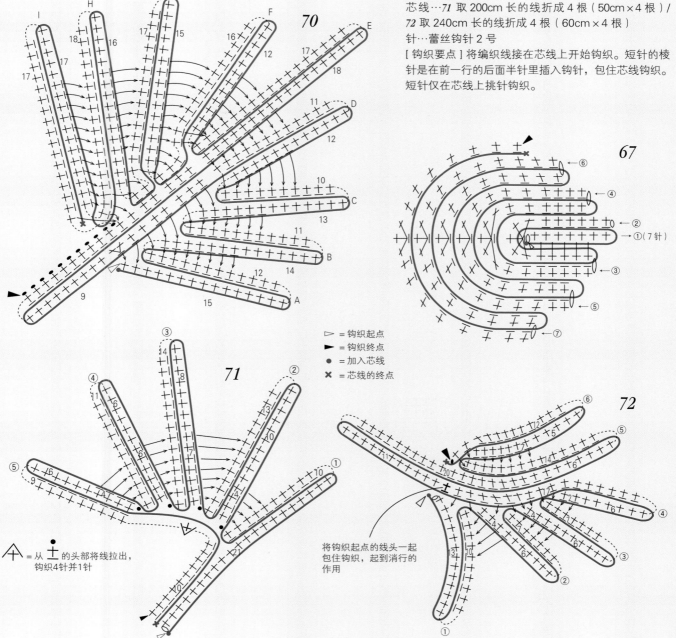

▷ = 钩织起点
▶ = 钩织终点
● = 加入芯线
✕ = 芯线的终点

⚡ = 从 土 的头部将线拉出，钩织4针并1针

将钩织起点的线头一起包住钩织，起到消行的作用

果实花片

圆鼓鼓的小颗粒可以组合成葡萄串，也可以用作花朵花片的花芯，

作为方便实用的部件，可以使作品更加栩栩如生。

我又参考身边的植物，试着创作出了水果、坚果、蘑菇等充满趣味的花片。

用作贴片，或者制作成饰品都是不错的选择。

44

74、75、78 果实，76 水滴，77 小圆球
＊钩织方法 74、75…p.65，76、77…p.64，78…p.66

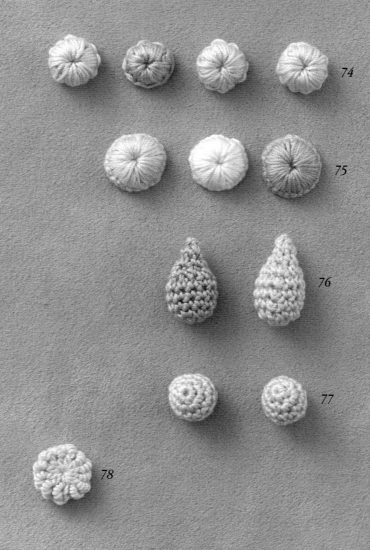

74

75

76

77

78

45 古典庭院玫瑰 图片…p.29

[材料和工具] 线…奥林巴斯 Emmy Grande a 奶油色（851）/
金票 40 号蕾丝线 b 浅灰色（484）
芯线…取 180cm 长的线折成 4 根（45cm×4 根）（a、b 通用）
针…蕾丝钩针 2 号、6 号，特大号棒针 7mm（针轴 7mm）
[钩织要点] b 花片钩织至编织图的第 9 圈。在棒针上绕线制作
线束环形起针（参照 p.9）。重复钩织 6 圈花瓣的网格针锁链（基
底）和花瓣。花瓣的锁链是将花片翻至反面，改变方向钩织。
然后往返钩织花瓣至第 9 圈。在花瓣的终点加入芯线，钩织第
10 圈即可。接着钩织第 11、12 圈即完成 a。

91、92 圆环 图片…p.57

[材料和工具] 线…奥林巴斯 Emmy Grande 91 沙米色（814）/
92 <Herbs> 浅米色（732）
芯线…取 100cm 长的线折成 4 根（25cm×4 根）
针…蕾丝钩针 2 号
[钩织要点] 将编织线接在芯线上，钩织短针。整理成圆环形
状后继续钩织。

91　　　**92**

= 钩织起点
= 钩织终点
= 加入芯线
= 芯线的终点
= 3 针短针并 1 针

45

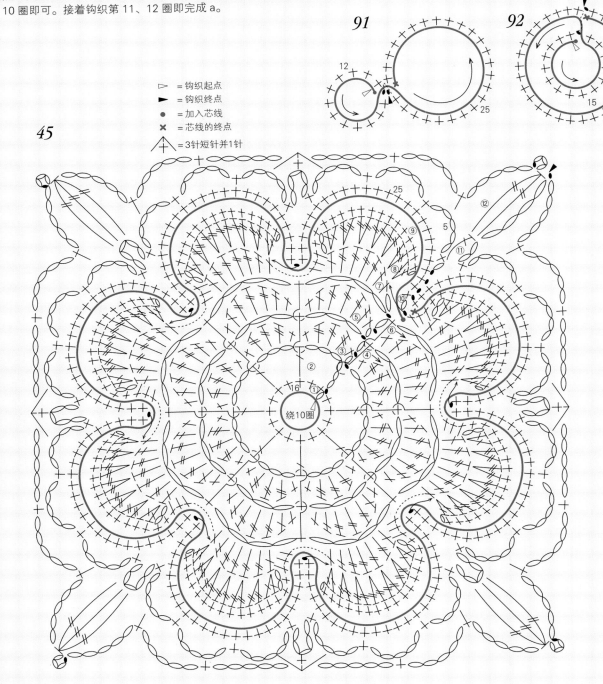

绕 10 圈

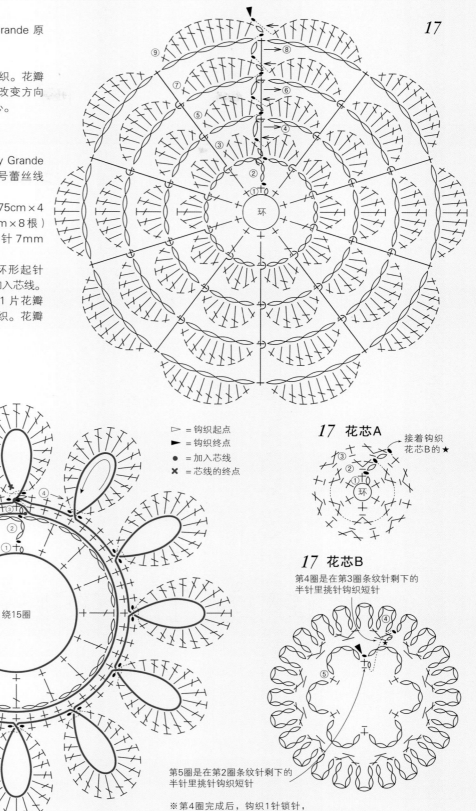

17 万寿菊 图片…p.16

[材料和工具] 线…奥林巴斯 Emmy Grande 原白色（804），<Herbs> 浅米色（732）

针…蕾丝钩针 2 号

[钩织要点] 用线头环形起针后开始钩织。花瓣的锁链（基底）是将花片翻至反面，改变方向钩织。接着钩织花芯，缝在花朵的中心。

18 向日葵 图片…p.17

[材料和工具] 线…奥林巴斯 Emmy Grande <Herbs> a 沙米色（814）/金票 40 号蕾丝线 b 原白色（852）

芯线…a 取 300cm 长的线折成 4 根（75cm×4 根）/b 取 480cm 长的线折成 8 根（60cm×8 根）

针…蕾丝钩针 2 号、6 号，特大号棒针 7mm（针轴 7mm）/15 号（针轴 6.6mm）

[钩织要点] 在棒针上绕线制作线束环形起针（参照 p.9）。在第 2 圈终点的引拔针里加入芯线。第 4 圈将花片翻至反面钩织。每钩织 1 片花瓣就将钩织绕到后面，扭转花瓣继续钩织。花瓣的针目正面朝上。

17

18

□▷ = 钩织起点
▶ = 钩织终点
● = 加入芯线
✕ = 芯线的终点

绕15圈

17 花芯A

接着钩织花芯B的★

17 花芯B

第4圈是在第3圈条纹针剩下的半针里挑针钩织短针

第5圈是在第2圈条纹针剩下的半针里挑针钩织短针

※第4圈完成后，钩织1针锁针，在第2圈条纹针剩下的半针里挑针钩织第5圈

79~81 葡萄

* 钩织方法 79~81···p.50

79

80

81

82

83

84

82 樱桃，83 草莓，84 洋梨
　钩织方法　82、83···p.51，84···p.58

79 葡萄 图片…p.48

[材料和工具] 线…奥林巴斯 Emmy Grande 浅米色（808）
针…蕾丝钩针 2 号，特大号棒针 10mm（针轴 10mm）
[钩织要点] 94c 圆环（参照 p.67）钩织 3 组，叶子（参照 p.71）
钩织 2 片。参照图示组合在一起。

80 葡萄 图片…p.48

[材料和工具] 线…奥林巴斯 Emmy Grande <Herbs> 卡其色
（721）
针…蕾丝钩针 2 号，棒针 10 号（针轴 5.1mm）
[钩织要点] 果实（参照 p.65）钩织 7 个，再钩织 3 片叶子。参
照图示组合在一起。

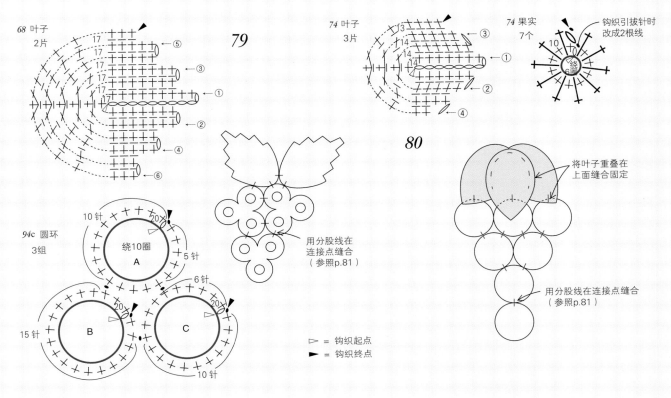

▷ = 钩织起点
► = 钩织终点

81 葡萄 图片…p.48

[材料和工具] 线…奥林巴斯 Emmy Grande 灰米色（812）
针…蕾丝钩针 2 号
[钩织要点] 果实（参照 p.66）钩织 8 个，再钩织梗，参照图
示组合在一起。将果实钩织终点的线穿在反面的针目里，整理
成圆形。

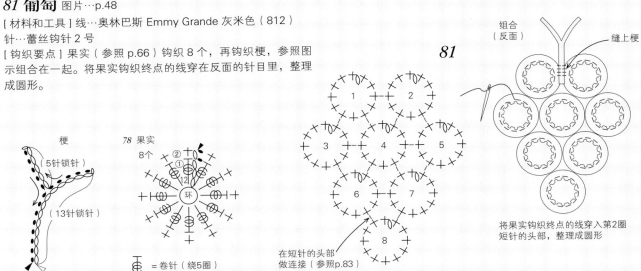

63 竹芋 图片…p.37

[材料和工具] 线…奥林巴斯 Emmy Grande 原白色（804）
芯线…取 135cm 长的线折成 4 根（33.75cm×4 根）
针…蕾丝钩针 2 号

[钩织要点] 锁针起针，在第 1 行的终点加入芯线。一边在前一行针目上挑针一边包住芯线钩织叶子的第 2 行。接着钩织叶柄和叶子的外圈，钩织终点在叶子第 2 行起始处的短针上做连接。

82 樱桃、83 草莓 图片…p.49

[材料和工具] 线…奥林巴斯 Emmy Grande 82 浅米色（808）/ 83 <Herbs> 卡其色（721）
芯线…82 取 110cm 长的线折成 4 根（27.5cm×4 根）/83 取 90cm 长的线折成 4 根（22.5cm×4 根）
针…蕾丝钩针 2 号

[钩织要点] 82 用线头环形起针，先钩织 2 个果实备用。将编织线接在芯线上，从果实 A 的外圈开始钩织，接着依次钩织果柄、叶子、果实 B 的外圈。
83 锁针起针后钩织果实，在第 11 行的终点加入芯线。一边在果实的周围挑针，一边包住芯线钩织，接着钩织蒂部。将蒂部翻至反面覆盖在果实上。

86 野草莓 图片…p.52

[材料和工具] 线…奥林巴斯 Emmy Grande 原白色（804）
芯线…取 160cm 长的线折成 4 根（40cm×4 根）
针…蕾丝钩针 2 号

[钩织要点] 将编织线接在芯线上，从茎部开始钩织。参照图示钩织果实和叶子。

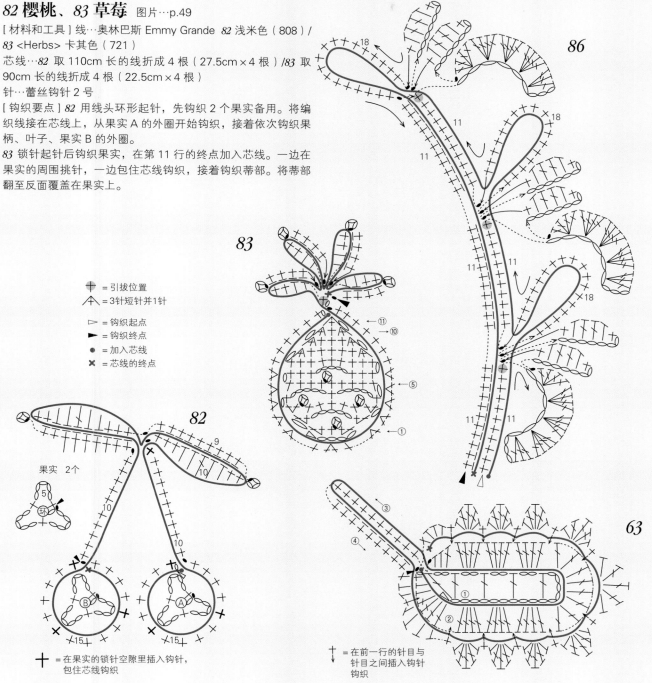

十 = 引拔位置
← = 3针短针并1针
▷ = 钩织起点
► = 钩织终点
● = 加入芯线
✕ = 芯线的终点

果实 2 个

十 = 在果实的锁针空隙里插入钩针，包住芯线钩织

十 = 在前一行的针目与针目之间插入钩针钩织

85 橄榄, 86 野草莓, 87 蓝莓
* 钩织方法 85…p.78, 86…p.51, 87…p.79

85

86

87

88

89a

90

89b

88 蘑菇, 89 金针菇, 90 橡实
＊钩织方法 88…p.54, 89、90…p.55

9 金翅雀野蔷薇 图片…p.12

[材料和工具] 线…奥林巴斯 Emmy Grande 浅米色（808）
针…蕾丝钩针2号，特大号棒针7mm（针轴7mm）
[钩织要点] 在棒针上绕线制作线束环形起针（参照 p.9）后开
始钩织。第3、5、7圈钩织花瓣的网格针锁链（基底），第4、
6、8圈钩织花瓣。第5、7圈的锁链是将花片翻至反面，改变
方向钩织。

88 蘑菇 图片…p.53

[材料和工具] 线…奥林巴斯 Emmy Grande <Herbs> 浅米色
（732）
芯线…取60cm长的线折成4根（15cm×4根）
针…蕾丝钩针2号
[钩织要点] 用线头环形起针后钩织菌盖。在图中第7圈的指
定位置加入芯线，接着钩织菌盖的其余部分和菌柄。将菌盖对
折，用钩织终点的线头缝合固定。

▷ = 钩织起点
► = 钩织终点
● = 加入芯线
✕ = 芯线的终点

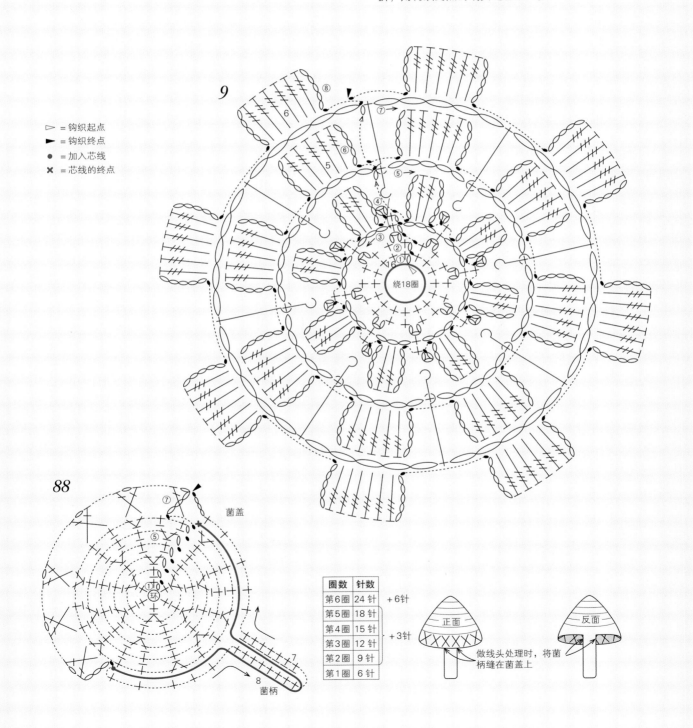

圈数	针数	
第6圈	24针	+6针
第5圈	18针	
第4圈	15针	+3针
第3圈	12针	
第2圈	9针	
第1圈	6针	

正面 反面

做线头处理时，将菌柄缝在菌盖上

89 金针菇 图片···p.53

[材料和工具] 线···奥林巴斯 Emmy Grande <Herbs>（a、b 通用）浅米色（732）

芯线···菌柄 A~C：各取 60cm 长的线折成 4 根（15cm×4 根），

花片：取 110cm 长的线折成 4 根（27.5cm×4 根）

针···蕾丝钩针 2 号

[钩织要点] 菌柄是将编织线接在芯线上钩织所需针数的短针。

接着钩织菌盖和花片，参照图示用分股线缝合固定。

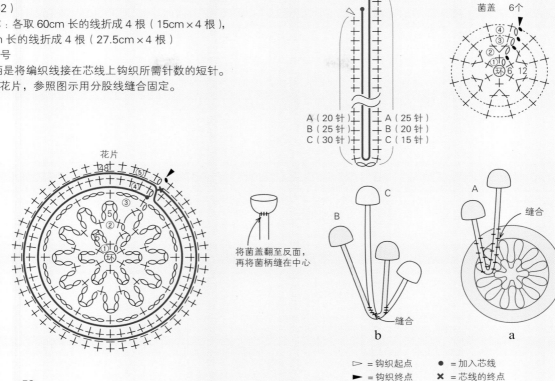

花片

菌柄

菌盖 6个

A（20针） A（25针）
B（25针） B（20针）
C（30针） C（15针）

将菌盖翻至反面，
再将菌柄缝在中心

缝合

缝合

b

a

▷ = 钩织起点   ● = 加入芯线
► = 钩织终点   ✕ = 芯线的终点

90 橡实 图片···p.53

[材料和工具] 线···奥林巴斯 Emmy Grande 浅褐色（736）

芯线···取 200cm 长的线折成 4 根（50cm×4 根）

针···蕾丝钩针 2 号

[钩织要点] 钩织 3 个果实和叶子（参照 p.42 中 65 的蕨叶）。

将编织线接在芯线上钩织枝条。一边在果实的周围挑针一边包住芯线钩织枝头部位。参照图示，用分股线缝上蕨叶组合在一起。

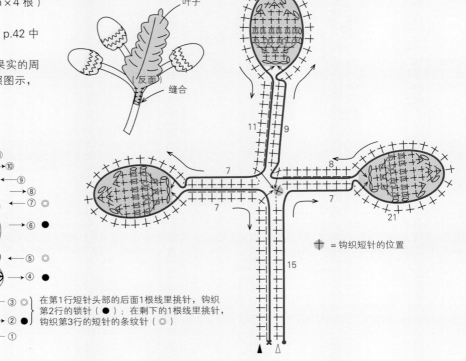

叶子

（反面）

缝合

果实
3 个

=

在第 1 行短针头部的后面 1 根线里挑针，钩织第 2 行的锁针（●）；在剩下的 1 根线里挑针，钩织第 3 行的短针的条纹针（◎）

十 = 钩织短针的位置

55

其他花片

这里汇集了圆环、蝴蝶、雪晶等爱尔兰蕾丝中不太常见的花片。

其中，圆环可以用来填补花片之间的空隙，或者缝在绳子的末端，既方便又实用。

与花朵花片相比，蝴蝶和雪晶花片雅致又别具魅力，也可以用作点缀。

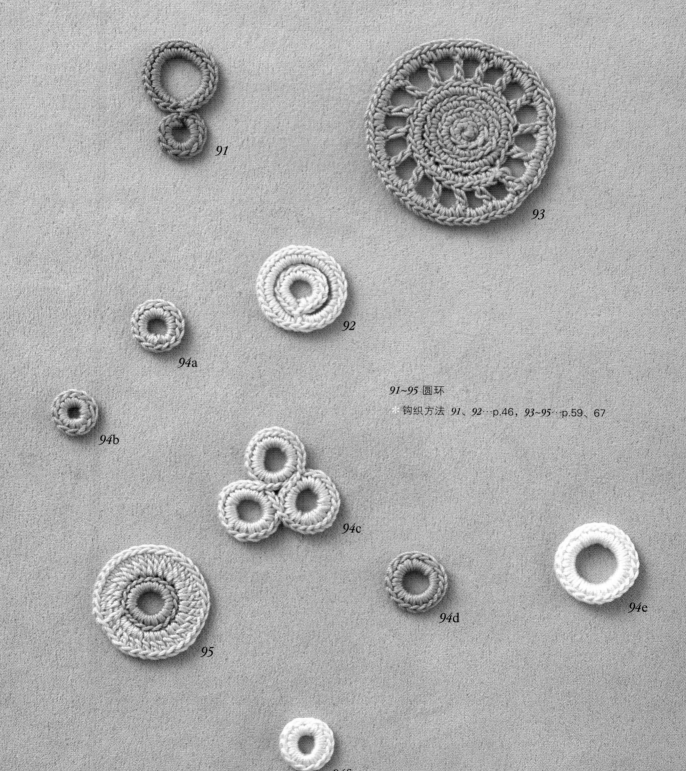

91

93

92

94a

94b

91~95 圆环
* 钩织方法 *91、92*···p.46，*93~95*···p.59、67

94c

95

94d

94e

94f

73 枫叶 图片…p.41

[材料和工具] 线…奥林巴斯 Emmy Grande <Herbs> 浅米色（732）
针…蕾丝钩针2号
[钩织要点] 锁针起针后，引返钩织叶子。叶子完成后紧接着做叶柄的起针，钩织3行。用钩织终点的线将叶柄的顶端缝在叶子上。

84 洋梨 图片…p.49

[材料和工具] 线…奥林巴斯 Emmy Grande 奶油色（851）
芯线…取110cm长的线折成4根（27.5cm×4根）
针…蕾丝钩针2号
[钩织要点] 在果实的中间锁针起针后开始钩织。钩织2圈后，将线剪断。在图中指定位置加入芯线，钩织叶子。接着一边在果实的周围挑针一边包住芯线钩织，最后钩织果柄。

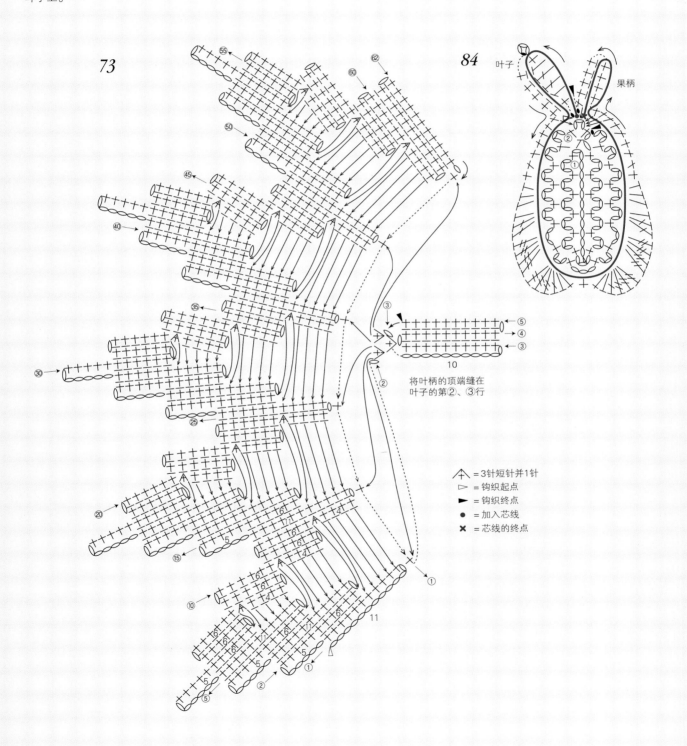

将叶柄的顶端缝在叶子的第②、③行

↑ =3针短针并1针
▷ =钩织起点
► =钩织终点
● =加入芯线
✕ =芯线的终点

58

93 圆环 图片…p.57

[材料和工具] 线…奥林巴斯 Emmy Grande <Herbs> 卡其色（721）

芯线…取 180cm 长的线折成 4 根（45cm×4 根）

针…蕾丝钩针 2 号

[钩织要点] 将编织线接在芯线上。从第 2 圈开始，一边在前一圈针目上挑针，一边包住芯线环形钩织。第 5 圈暂不使用芯线，第 6 圈再加入刚才暂停的芯线钩织。

94、95 圆环 图片…p.57

[材料和工具] 线…奥林巴斯 Emmy Grande <Herbs> 94 卡其色（721）、浅米色（732）、原白色（804）、灰米色（812）/<Herbs> 95 卡其色（721）、浅米色（732）

针…蕾丝钩针 2 号，棒针 参照图示

[钩织要点] 在指定号数的棒针上绕线制作线束环形起针（参照 p.9），钩织 1 圈短针。94c：为连接圆环，钩织方法请参照 p.67。95 在前一圈的后面半针里插入钩针，钩织第 2 圈的长针。钩织终点与起点的针目做连接。

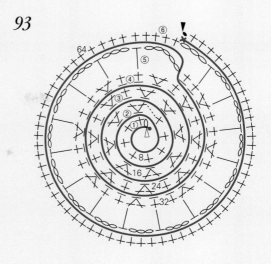

93

▷ = 钩织起点　　● = 加入芯线

► = 钩织终点　　✗ = 芯线的终点

94

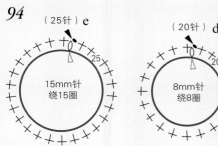
（25针）e
15mm针 绕15圈

（20针）d
8mm针 绕8圈

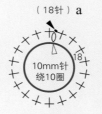
（18针）a
10mm针 绕10圈

（15针）f
8mm针 绕10圈

（12针）b
15号针 绕10圈

95
15号针 绕10圈

40 虞美人 图片…p.25

[材料和工具] 线…奥林巴斯 Emmy Grande 原白色（804）

芯线…取 120cm 长的线折成 4 根（30cm×4 根）

针…蕾丝钩针 2 号，棒针 15 号（针轴 6.6mm）

[钩织要点] 在棒针上绕线制作线束环形起针（参照 p.9）。在第 1 圈的终点加入芯线，钩织 2 圈花瓣，接着钩织花茎。

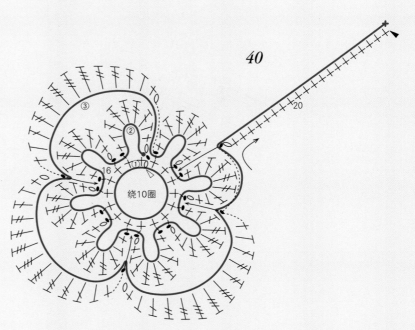
40
绕10圈

96 蝴蝶

*钩织方法 96···p.62

97、98、100 雪晶，99 十字花片

＊ 钩织方法 97~100…p.63

97a

98

97b

100b

99

100a

96 蝴蝶 图片…p.60

[材料和工具] 线 … 奥 林 巴 斯 Emmy
Grande <Herbs> 浅米色（732）/上翅：
卡其色（721）、下翅：浅褐色（736），身
体：浅米色（732）/金票40号蕾丝线 原
白色（852）

芯线…上翅：240cm（60cm×4根）、下
翅：140cm（35cm×4根）/上翅：320cm
（40cm×8根）、下翅：200cm（25cm×8
根）

针…蕾丝钩针2号、6号

[钩织要点] 上翅…锁针起针后，从锁针的
两边挑针，分别钩织两边的翅膀。在图中
指定位置加入芯线，一边在翅膀周围的针
目上挑针一边包住芯线钩织一圈。下翅…
钩1针锁针起针，从锁针的两边挑针，分
别钩织两边的翅膀。在第2片翅膀终点的
长长针做最后的引拔操作时加入芯线，一
边在翅膀周围的针目上挑针，一边包住芯
线钩织一圈。 身体…用线头环形起针后钩
织1圈。从第2行开始，参照图示往返钩
织至第15行。在锁针的狗牙针上接线，钩
织触角。参照图示将身体缝成圆筒状。组
合…按下翅、上翅、身体的顺序重叠在一
起，用分股线缝合固定（参照 p.81）。

▷ = 钩织起点
► = 钩织终点
● = 加入芯线
✕ = 芯线的终点

✛ 在指定挑针位置的针目里插入钩针（其
余短针均为整段挑针），包住芯线钩织

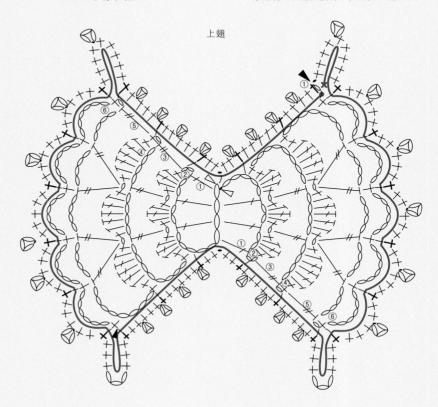

上翅

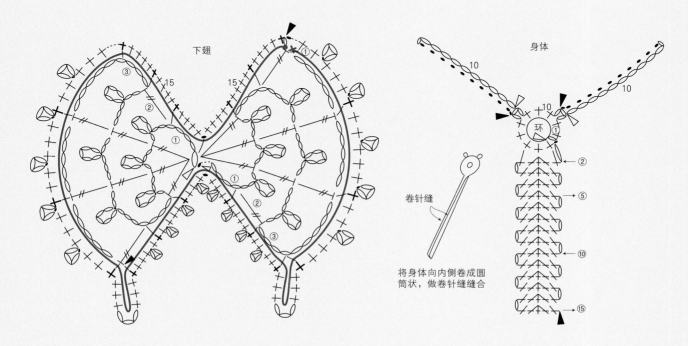

下翅

身体

卷针缝

将身体向内侧卷成圆
筒状，做卷针缝缝合

97、98、100 雪晶 图片···p.61

[材料和工具] 线···奥林巴斯 Emmy Grande 97a 奶油色
（851）/98 <Herbs> 卡其色（721）/100a <Herbs> 沙米色（814）
金票 40 号蕾丝线 97b 原白色（852）/100b 浅灰色（484）
芯线···Emmy Grande 97a 220cm（55cm×4 根）/98 100cm
（25cm×4 根）/100b 240cm（60cm×4 根）
金票 40 号蕾丝线 97b 240cm（30cm×8 根）/100a 340cm
（42.5cm×8 根）
针···蕾丝钩针 2 号、6 号，棒针 97、98 特大号 7mm（针轴
7mm）/100 10 号（针轴5.1mm）
[钩织要点] 在指定号数的棒针上绕线制作线束环形起针（参
照p.9）后开始钩织。分别参照图示钩织，钩织终点与起点的
针目做连接。

99 十字花片 图片···p.61

[材料和工具] 线···奥林巴斯 Emmy Grande 原白色（804）
芯线···取 80cm 长的线折成 4 根（20cm×4 根）
针···蕾丝钩针 2 号
[钩织要点] 用线头环形起针，在第 1 圈终点的引拔针里加入
芯线继续钩织。钩织终点与起点的针目做连接。

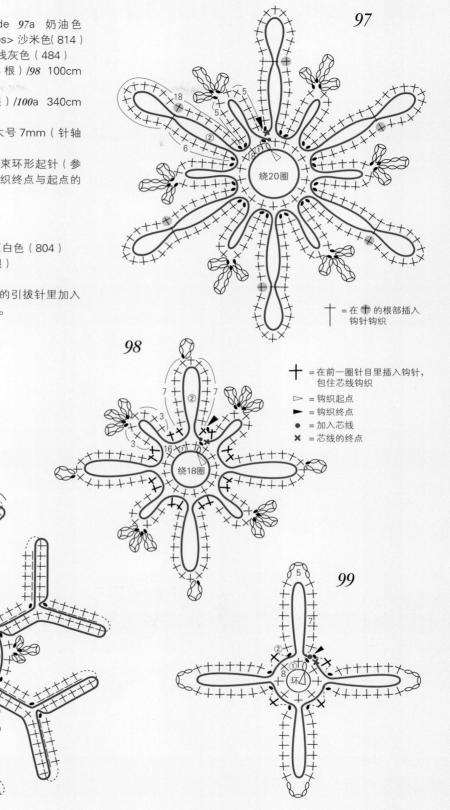

╋ = 在 ╋ 的根部插入
钩针钩织

╋ = 在前一圈针目里插入钩针，
包住芯线钩织
▷ = 钩织起点
▶ = 钩织终点
● = 加入芯线
✕ = 芯线的终点

爱尔兰蕾丝花片钩织教程

要点

减针之前，在果实中间塞入相同的编织线。将织物调整为圆团状更容易操作，剩下的几圈钩织起来也更加方便。

果实花片

小巧可爱的果实花片有很多种。
方便实用的花片不妨多钩织一些，以便随时取用。

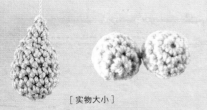

[实物大小]

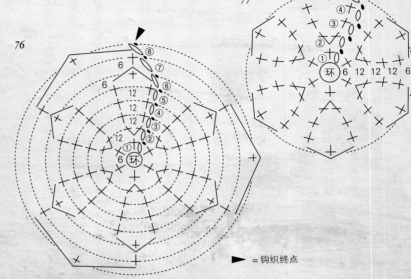

76 水滴、77 小圆球 图片…p.45

[材料和工具] 线…奥林巴斯 Emmy Grande 76 灰米色（812），<Herbs> 77 浅米色（732）
针…蕾丝钩针2号
[钩织要点] 用线头环形起针后钩织短针。钩织终点留出线头备用。

► = 钩织终点

※ 实际编织时，全部使用相同的线。为了便于理解，图中使用了不同颜色的线

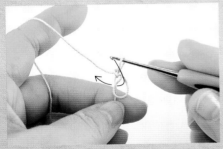

1. 用线头环形起针，将线拉出后钩织1圈短针。

2. 钩织6针短针后，拉动线头收紧线环。

3. 第2圈在前一圈的每个针目里钩织2针短针。

4. 钩织至减针的前一行，塞入相同的线。

5. 参照图示减针。

球形

6. 钩织至最后一圈，将线头穿入缝针，在剩下的针目里挑针后将线拉紧。

[实物大小]

第 1 圈…8 针
第 2 圈…16 针
第 3 圈…25 针

► = 钩织终点

75 果实 图片…p.45

[材料和工具] 线…奥林巴斯 Emmy Grande 灰米色（812）、原白色（814），<Herbs> 浅米色（732）
针…蕾丝钩针 2 号
[钩织要点] 用线头环形起针后钩织 2 圈短针。第 3 圈在起针的线环里插入钩针，包住第 1、2 圈钩织。收紧起针的线环。将针目的反面当作正面使用。

要点

第3圈的短针要钩织得紧密整齐，不要让针目相互重叠。

1. 环形起针后钩织 2 圈短针。

※ 实际编织时，全部使用相同的线。为了便于理解，图中使用了不同颜色的线

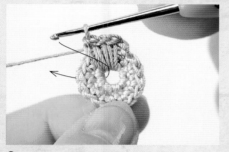

2. 第 3 圈在起针的线环里插入钩针，包住第 1、2 圈钩织短针。

3. 用缝针缝出 1 针锁针连接钩织起点和钩织终点，在针目的正面做好线头处理。

4. 翻至反面，拉紧起针时的线头，收紧线环。再在针目的正面做好线头处理。

74 果实 图片…p.45

[材料和工具] 线…奥林巴斯 Emmy Grande 灰米色（812），<Herbs> 浅米色（732）
针…蕾丝钩针 2 号，棒针 10 号（针轴 5.1mm）
[钩织要点] 在棒针上绕线制作线束环形起针后，钩织 1 圈短针。第 2 圈改成 2 根线，在起针的线环里插入钩针，包住第 1 圈钩织。将针目的反面当作正面使用。

[实物大小]

► = 钩织终点

要点

改成 2 根线后，针头不太容易挂线。根据需要，也可以改用粗一点的钩针（0 号蕾丝钩针）。

※ 实际编织时，全部使用相同的线。为了便于理解，图中使用了不同颜色的线

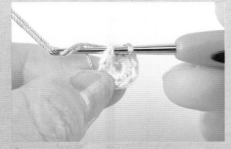

1. 在第 1 圈的终点钩织引拔针时加入新线，改成用 2 根线钩织。

2. 第 2 圈在起针的线环里插入钩针，包住第 1 圈的短针钩织。
※ 将新线的线头也包在针目里钩织

3. 钩织终点在第 2 圈的起始针目上缝出 1 针锁针做连接。将针目的反面当作正面使用，在针目的正面做好线头处理。

[实物大小]

78 果实 图片…p.45

[材料和工具] 线…奥林巴斯 Emmy Grande
浅米色（808）
针…蕾丝钩针2号
[钩织要点] 用线头环形起针，第1圈钩织
12针绕5圈的卷针。第2圈钩织短针。收
紧起针的线环，调整一下形状。

![环形符号图]

⊖ = 卷针（绕5圈）

► = 钩织终点

1. 在针上绕5圈线，从起针的线环里将线
拉出。

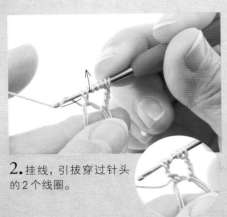

2. 挂线，引拔穿过针头
的2个线圈。

3. 接着用小牙签依次挑起针上所绕线圈覆
盖在针脚上。

4. 挂线，一次性引拔穿过剩下的2个线圈。

5. 1针卷针完成了。重复步骤1~4钩织所
需针数。

6. 钩织终点在第1针卷针的头部插入钩针
引拔。

7. 第2圈在每个卷针上钩织1针短针。钩
织终点用缝针缝出1针锁针与起点做连接。

94c

[实物大小]

94 圆环 图片…p.57

[材料和工具] 线…奥林巴斯 Emmy Grande
<Herbs> 浅米色（732）
针…蕾丝钩针2号，特大号棒针10mm（针
轴10mm）
[钩织要点] 在棒针上绕线制作线环，钩织1
圈短针制作1个圆环。从第2个圆环开始，一
边钩织一边与前面的圆环做连接。

要点

在起针的线束环里一针一针均
匀地钩织短针，不要留出空隙。连
接各个圆环时，注意不要弄错间
隔的针数。

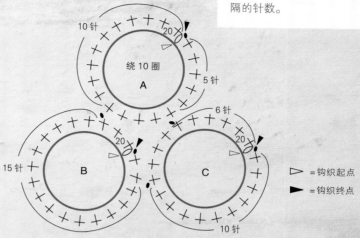

10针　20　绕10圈 A　5针
6针　20　20
15针　B　C
10针

▷ = 钩织起点
▶ = 钩织终点

※ 实际编织时，全部使用相同的线。为了便于理解，图中使用了不同颜色的线

1. 制作线束环，钩织1圈
短针制作圆环A。钩织终
点留出15cm左右的线头
剪断，拉出备用。

2. 钩织圆环B。钩织3针后，暂时取下钩
针，在圆环A的引拔位置插入钩针，再将刚
才取下的针目拉出。

3. 2个圆环就连接在了一起。回到圆环B
继续钩织。

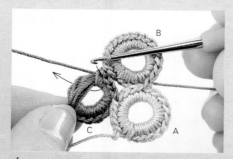

4. 圆环C也按步骤2的要领，与圆环A、B
做连接。

5. 圆环A~C连接在了一起。分别留出
15cm左右的线头，拉出备用。

最初的针目
第2针

6. 将线头穿入缝针，在钩织起点第2针的
头部插入缝针缝出1针锁针，连接钩织起点
与终点。

重叠钩织花瓣的花片

两层或三层的花瓣相互重叠，可以钩织出极富立体感的花片。
先用网格针钩织锁链（基底），再在上面钩织出花瓣。

[实物大小]

12 三层花瓣的玫瑰 图片…p.13

[材料和工具] 线…奥林巴斯 Emmy Grande a 原白色
（804），金票 40 号蕾丝线 b 原白色（852）
针…蕾丝钩针 2 号、6 号
[钩织要点] 锁针环形起针后开始钩织。第 2、4、5、7
圈钩织网格针锁链（基底），第 3、6、8 圈钩织花瓣。
第 7、8 圈是在前面钩织的 2 层花瓣之间钩织。

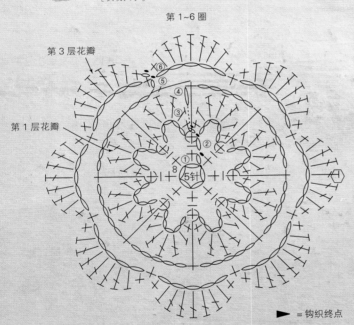

第 1~6 圈　　　　　　　　　第 7、8 圈

第 3 层花瓣　　　　　　　　　　　　　　　第 2 层花瓣

第 1 层花瓣　　　　5 针

▶ = 钩织终点　　　ʃ = 第 4 圈和第 7 圈的短针的反拉针
是在第 2 圈的短针的条纹针上挑针钩织

※ 实际编织时，全部使用相同的线。为了便于理解，图中使用了不同颜色的线

1. 钩织 5 针锁针，然后在钩织起点的锁针里引拔，连接成环形。

2. 在锁针起针的线环里挑针，钩织 1 圈短针。

3. 第 2 圈重复钩织"1 针短针的条纹针、5 针锁针"。条纹针是在前一圈短针头部的后面 1 根线里插入钩针钩织。

第4、7圈的网格针锁链（基底）是从花片的反面钩织。所以实际操作时，编织图中的短针的反拉针要按短针的正拉针钩织。

4. 第3圈钩织花瓣。在前一圈的锁针上整段挑针钩织（在空隙里插入钩针，包住锁针钩织）。接着将花片翻至反面。

5. 第4圈从反面钩织。在第2圈短针的根部挑针，钩织短针的拉针。
※ 从正面看是反拉针

6. 第4圈钩织完成后，将花片翻回正面，钩织第5圈。第4、5圈位于第1层花瓣的后面，不会露出正面。

7. 第6圈钩织花瓣。在前一圈的锁针上整段挑针钩织。

8. 第6圈的花瓣钩织完成。将花片翻至反面。

9. 第7圈立织2针锁针，按第4圈相同要领，在第2圈短针的根部挑针钩织。

10. 在第1层和第2层花瓣之间钩织的网格针锁链（基底）就完成了。将花片翻回正面。

11. 第8圈钩织花瓣。将第1层花瓣倒向前面，在第7圈的锁链（基底）上整段挑针钩织。

12. 这样就在2层花瓣之间完成了第3层花瓣。

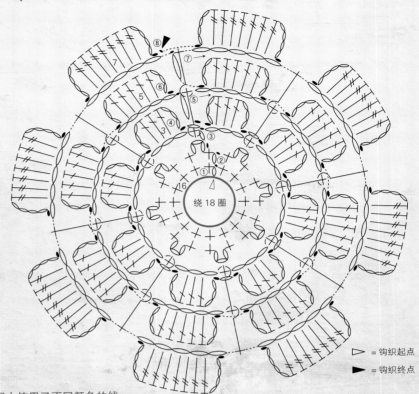

[实物大小]

6 万寿菊 图片…p.12

[材料和工具] 线…奥林巴斯 Emmy Grande a 原白色
（804），<Herbs> b 卡其色（721）、c 浅米色（732）
针…蕾丝钩针 2 号，特大号棒针 7mm（针轴 7mm）
[钩织要点] 在棒针上绕线制作线环。第 3、5、7 圈钩
织花瓣的网格针锁链（基底），第 4、6、8 圈钩织花
瓣。第 5、7 圈是将花片翻至反面钩织。

绕 18 圈

▷ = 钩织起点
▶ = 钩织终点

※ 实际编织时，全部使用相同的线。为了便于理解，图中使用了不同颜色的线

1. 线束环形起针后开始钩织。第 4 圈的花瓣是在前一圈的锁针上整段挑针钩织（在空隙里插入钩针，包住锁针钩织）。

2. 第 4 圈的花瓣钩织完成。将花片翻至反面。

3. 第 5 圈是在第 3 圈短针的根部挑针，钩织短针的拉针。
※ 从正面看是反拉针

4. 第 6 圈的花瓣是从花片的正面钩织。将第 1 层花瓣倒向前面，在网格针锁链（基底）上整段挑针钩织。

5. 第 7 圈的基底是从花片的反面钩织。在第 5 圈短针的拉针的根部挑针钩织。

6. 第 8 圈的花瓣钩织完成。在起点的针目里引拔结束。在花片的反面做好线头处理。

从锁针两边钩织的花片

将起针的锁针分成两半，从上、下两边连续挑针钩织。
每钩织 1 行，翻转花片的正、反面，改变方向继续钩织。

要点

在起针的锁针上挑针的方法：（1）在锁针的里山 1 根线里挑针；（2）另一侧在剩下的 2 根线里挑针。

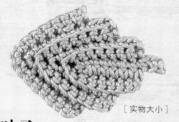

[实物大小]

68 叶子 图片…p.40

[材料和工具] 线…奥林巴斯 Emmy Grande
原白色（804）
针…蕾丝钩针 2 号
[钩织要点] 锁针起针后，开始钩织短针。
从第 2 行开始，钩织短针的棱针。

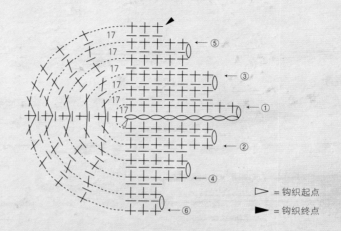

▷ = 钩织起点
▶ = 钩织终点

1. 钩织锁针起针，在锁针的里山挑针钩织短针。

2. 在末端的锁针里钩织 3 针短针。接着在锁针另一侧剩下的 2 根线里挑针。

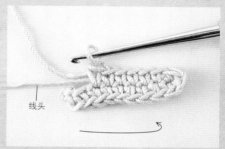

线头

3. 在锁针剩下的 2 根线里插入钩针，包住钩织起点的线头完成第 1 行。将花片翻至反面。

4. 从第 2 行开始钩织短针的棱针。立织 1 针锁针，在前一行短针的后面 1 根线里插入钩针，钩织短针。

5. 在转角处的针目里钩织 3 针短针。

6. 第 2 行钩织完成。将花片翻回正面。参照编织图，按相同要领钩织至第 6 行。

引返钩织的花片

叶子的下半部分重复"起针"和"留针的引返钩织"。
剩下的上半部分请注意"往回钩织"时的挑针位置。

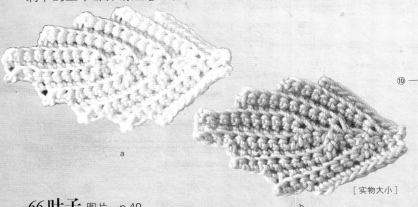

a

[实物大小]

b

66 叶子 图片…p.40

[材料和工具] 线…奥林巴斯 Emmy Grande a 原白色（804）、<Herbs> b 米色
（721）
针…蕾丝钩针 2 号

[钩织要点] 锁针起针后，从里山挑针开始钩织。第 1 行钩织短针，从第 2 行开始钩织
短针的棱针。叶子的下半部分在奇数行的终点钩织锁针起针，偶数行留出前一行的 3
针往回钩织。从叶子的上半部分开始，奇数行留出 3 针往回钩织，偶数行在下半部分
留出的针目上继续挑针钩织。

※ 实际编织时，全部使用相同的线。为了便于理解，图中使用了不同颜色的线

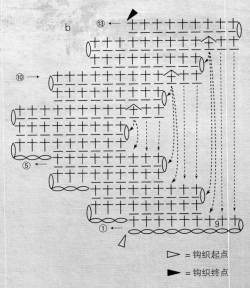

3针锁针

1. 锁针起针后，从里山挑针钩织 1
行短针。在终点接着钩织 3 针锁
针，将花片翻至反面。

要点

在下半部分留出的针目上挑针钩
织第 1 针时，为了避免出现空隙，
在立织的锁针里也要插入钩针挑
针，钩织 2 针并 1 针或 3 针并 1 针。

▷ = 钩织起点

▶ = 钩织终点

2. 立织 1 针锁针。接下来，锁针部
分从里山挑针，前一行的短针部分
从后面 1 根线里挑针钩织。

3针

3. 留出前一行的 3 针短针不钩织，
将花片翻回正面，往回钩织短针的
棱针。

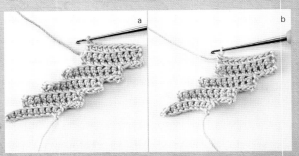

a

b

4. 重复步骤 1~3，钩织叶子的下半部分。a 钩织至第 10
行，b 钩织至第 8 行。从这里开始，一边在先前留出的针目
上挑针一边继续钩织。

＊图中以叶子 a 为例进行说明。叶子 b 也用相同方法钩织

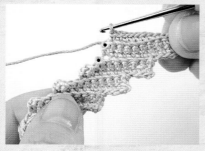

5. 分别在前一行立织的锁针以及第7行的短针（•）后面1根线里插入钩针，将线拉出。

6. 一次性引拔穿过针上的3个线圈，完成2针短针并1针。接着在第7行留出的针目上钩织短针的棱针。

7. 第10行钩织完成。将花片翻回正面。

8. 第11行留出3针不钩织，往回钩织第12行。此时，分别在前一行和第7行立织的锁针、第5行的短针（•）后面1根线里插入钩针，将线拉出。

9. 一次性引拔穿过针上的4个线圈，完成3针短针并1针。接着钩织2针短针的棱针。

10. 第12行钩织完成。将花片翻回正面。重复步骤8~10，钩织叶子的上半部分。

11. 第14行钩织完成。将花片翻回正面。

12. 第16行分别在前一行和第3行立织的锁针、第1行的短针后面1根线里插入钩针，钩织3针短针并1针。

13. 第17行钩织完成。钩织终点留出15cm左右的线头剪断，将线拉出后在花片的反面做好线头处理。

加入芯线钩织的花片

包住芯线（即填充线）钩织的花片是爱尔兰蕾丝钩织的特点之一。
芯线的松紧度会影响花片的大小，所以请参考实物大小的图片进行钩织。

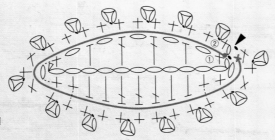

[实物大小]

● = 加入芯线
＊ 加在第 1 圈终点的引拔针里

✕ = 芯线的终点

▷ = 钩织起点
► = 钩织终点

62 玫瑰的叶子 图片…p.37

[材料和工具] 线…奥林巴斯 Emmy Grande　a 原白色（804）、<Herbs>b 浅米色
（732）
针…蕾丝钩针 2 号
[钩织要点] 锁针起针后开始钩织。在第 1 圈终点的引拔针里加入芯线。第 2 圈一
边在花片的周围挑针，一边包住芯线钩织。钩织终点用缝针缝出 1 针锁针与起点做
连接。

要点

取 80cm 长和编织线相同的线折成 4
根用作芯线。在一圈（行）终点的
引拔针里加入芯线。

※ 实际编织时，全部使用相同的线。为了便于理解，图中使用了不同颜色的线

1. 从起针的锁针上挑针。先在锁针的里山
挑针钩织。另一侧在锁针剩下的 2 根线里
挑针，或者在锁针上整段挑针，包住线头钩
织。

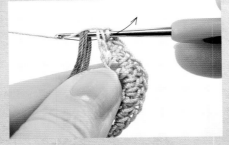

2. 钩织第 1 圈终点的引拔针时，加入芯线。

3. 花片的第 2 圈接上了芯线。立织锁针，
在前一圈的针目里插入钩针，连同芯线一起
挑针钩织短针。

4. 前一圈为锁针以外的针目时，分开针目
挑针。前一圈为锁针时，整段挑针。在花片
的边缘包住芯线钩织。

5. 将钩织终点的线头穿入缝针，缝出 1 针
锁针与第 2 圈的起点做连接。

6. 将编织线线头和多余的芯线穿入花片反面
的针目里，做好线头处理。

[实物大小]

● = 加入芯线
× = 芯线的终点
▷ = 钩织起点
► = 钩织终点

30 雏菊 图片…p.20

[材料和工具] 线…奥林巴斯 Emmy Grande <Herbs> 米白色（800）
针…蕾丝钩针 2 号

[钩织要点] 将编织线接在芯线上，从花朵的中心开始钩织。包住芯线钩织，连接成环形。第 2 圈钩织短针的条纹针。第 3 圈除了花瓣与花瓣之间的 2 针以外，仅在芯线上挑针钩织。钩织终点用缝针缝出 1 针锁针与起点做连接。

要点

取 120cm 长和编织线相同的线折成 4 根用作芯线。由于芯线的松紧度会影响花瓣的大小，所以每钩织 1 片花瓣就要整理一下形状。

※ 实际编织时，全部使用相同的线。为了便于理解，图中使用了不同颜色的线

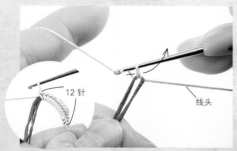

1. 将编织线接在芯线上，立织锁针。接下来包住整束芯线钩织，注意将线头朝相反方向拉紧。

2. 在芯线上钩织 12 针后，在起始针目里插入钩针，将芯线和线头挂在针上引拔，连接成环形。

3. 第 2 圈钩织短针的条纹针。将芯线和线头一起包在针目里钩织。

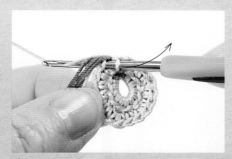

4. 这是第 2 圈的终点。在起点的针目里插入钩针，将芯线挂在针上引拔。

5. 立织 1 针锁针，接着钩织 1 针短针。花瓣部分只需将芯线挂在针上钩织短针。

6. 1 片花瓣钩织完成。每钩织 1 片花瓣，整理一下形状。

[实物大小]

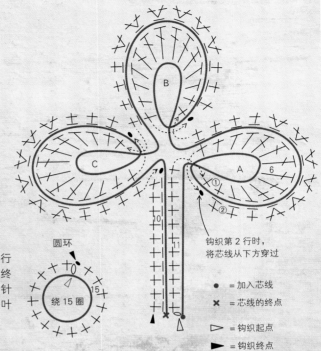

圆环
绕15圈

钩织第2行时，
将芯线从下方穿过

● = 加入芯线
✕ = 芯线的终点

▷ = 钩织起点
▶ = 钩织终点

52 三叶草 图片…p.33

[材料和工具] 线…奥林巴斯 Emmy Grande 原白色（804）
针…蕾丝钩针2号，特大号棒针8mm（针轴8mm）

[钩织要点] 将编织线接在芯线上，从叶柄开始钩织。叶柄的第1行
完成后，接着按叶子 A → B → C 的顺序分别钩织2行。叶子 C 的终
点在叶柄上引拔，接着钩织叶柄的第2行。圆环是在 8mm 的棒针
上绕15圈线制作成线束环形起针（参照 p.9），钩织完成后缝在三叶
草的叶子中心。

※ 实际编织时，全部使用相同的线。为了便于理解，图中使用了不同颜色的线

1. 将编织线接在芯线上，钩织叶柄的第1
行。包住整束芯线钩织11针。

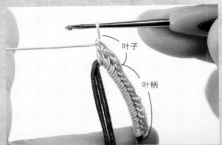

2. 从叶柄接着钩织叶子 A 的第1行。

3. 在叶子 A 钩织起点的短针里引拔。这时，
将芯线从花片的下方穿过来挂在针上。

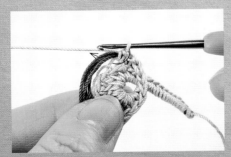

4. 钩织叶子 A 的第2行。在前一行针目的
后面1根线里插入钩针，包住芯线钩织。

5. 在前一行的6针长针里分别钩入2针短
针。

6. 叶子 A 钩织完成。接着用相同方法钩织
叶子 B。

7. 叶子 B 的第 1 行钩织完成。在起点的短针里引拔。

8. 叶子 B 钩织完成。接着用相同方法钩织叶子 C。

9. 叶子 C 的第 1 行钩织完成。在起点的短针里引拔。

10. 叶子 C 钩织完成。接着钩织叶柄的第 2 行。

11. 在叶柄的第 11 针里插入钩针，将芯线挂在针上一次性引拔。这时，叶柄的第 1 行翻转至反面。

12. 从下一针开始，在前一行的后面 1 根线里插入钩针，包住芯线钩织。

13. 钩织至最后，将芯线分成 2 根 1 组，分别做好线头处理。

14. 钩织圆环，留出 20cm 左右的线头，穿入缝针。

15. 用圆环的线头将圆环缝在三叶草的中心。

[实物大小]

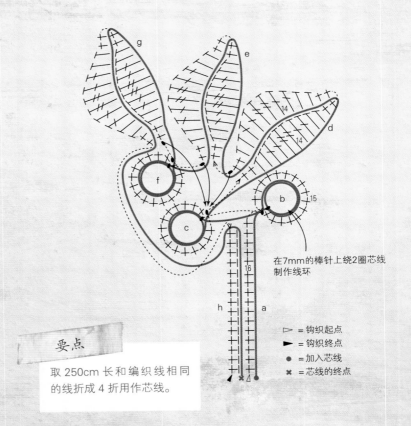

在7mm的棒针上绕2圈芯线制作线环

▷ = 钩织起点
▶ = 钩织终点
● = 加入芯线
✕ = 芯线的终点

85 橄榄 图片…p.52

[材料和工具] 线…奥林巴斯 Emmy Grande 原白色（804）
针…蕾丝钩针2号，特大号棒针7mm（针轴7mm）
[钩织要点] 将编织线接在芯线上，从茎部a开始钩织。接着制作线束环，从b～f钩织。d、e、f分别在c的终点引拔位置插入钩针，钩织引拔针。接着钩织g、h。

要点

取250cm长和编织线相同的线折成4折用作芯线。

※ 实际编织时，全部使用相同的线。为了便于理解，图中使用了不同颜色的线

绕线

1. a钩织完成后，从针目上暂时取下钩针。将芯线从前往后绕在棒针的针轴上。

2. 将线环滑至棒针的针头，在线环中插入钩针，再将刚才取下的针目拉出。

3. 为了防止绕好的线束散开，在针头挂线引拔加以固定。绕2圈的线束环完成了。

4. 在线束环里插入钩针，钩织b。终点在果实的第1针里引拔。

5. 从针目上暂时取下钩针，制作c的线束环。

6. 重复步骤2~4，钩织c。

7. 接着钩织d。叶子的第1行在芯线上挑针钩织，然后翻转针目。

8. 叶子的第2行是在前一行的后面1根线里插入钩针，包住芯线钩织。

9. d和e钩织完成。叶子的终点都在c的终点引拔位置插入钩针，钩织引拔针。

10. 钩织f。终点在c的终点引拔位置插入钩针，钩织引拔针。

11. f重叠在b和c的上面。g钩织完成。接着钩织h。

12. 将果实部分翻至反面拿好。在a的后面1根线里插入钩针，包住芯线钩织。

[实物大小]

87 蓝莓 图片…p.52

[材料和工具] 线…奥林巴斯 Emmy Grande 原白色（804）
芯线…取140cm长的线折成4根（35cm×4根）
针…蕾丝钩针2号
[钩织要点] 将编织线接在芯线上，从茎部开始钩织。参照图示钩织茎部和果实。接着在茎部的后面1根线里插入钩针，包住芯线钩织。

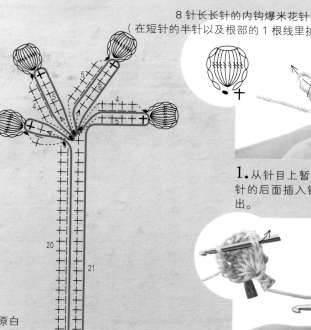

▷ = 钩织起点
▶ = 钩织终点
● = 加入芯线
✕ = 芯线的终点

8针长长针的内钩爆米花针
（在短针的半针以及根部的1根线里挑针钩织）

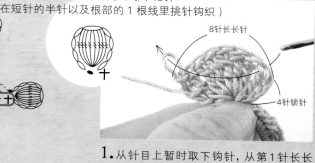

8针长长针
4针锁针

1. 从针目上暂时取下钩针，从第1针长长针的后面插入钩针，将刚才取下的针目拉出。

2. 钩织1针锁针收紧针目。接着钩织4针锁针，在长长针的挑针位置插入钩针，包住芯线引拔。蓝莓的果实完成了。

79

学院风手提包

将喜欢的花朵和叶子集中起来，缝在正面的中间。
背面则选择了极具存在感的花片。

钩织方法···p.116
花片/1 非洲堇，3 两层花瓣的玫瑰，11 三层花瓣的玫瑰，16 现
代灌木玫瑰，26 雏菊，31 银莲花，34 凤仙花，37 蓟花，48 三
叶草，61 玫瑰的叶子，67 叶子，72 鹅掌柴

项链

轻巧可爱的蕾丝项链充满了灵气。
也可以用作头饰和锁骨链，
不妨尝试一下不同的佩戴方式。

钩织方法···p.114
花片/30 雏菊，94 圆环

花片的连接和缝合

※ 分股线使用相同的编织线。
为了便于理解，图中使用了与作品不同的线

用分股线做连接和缝合

用于连接钩织好的花片。这种方法简单易行，非常适合初学者。

◎ 缝合花片的连接点

对准花片的连接点，用分股线缝合固定。

1. 将编织线捻松后分成2股，制作"分股线"。

2. 将准备连接的花片放好，用定位针固定花片的连接点。

3. 将分股线穿入缝针。从花片的反面入针，在连接点出针。

4. 像挑针一样在针目的头部插入缝针。按"1入、2出、3入、4出"穿针。

5. 在相同针目里再各穿1次针。

6. 花片的连接点就缝在了一起。注意拉线时的松紧度，以免缝合线太紧或太松。

◎ 像贴布缝一样缝合花片

将花片错落有致地缝在事先钩织好的作品上。

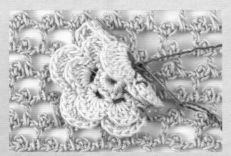

交替在花片和底部织物上各挑1针。缝合花朵花片时，请避开花瓣，使其浮在表面。

学院风手提包的背面

扁平手提包

黑色的蕾丝花片精致典雅。这款手提包是将富有镂空感和立体感的花朵花片钩织成相同大小的正方形拼接而成。

钩织方法…p.120
花片/46 向日葵，47 海石竹

一边钩织花片一边做连接

在花片的最后一行（圈），一边与相邻花片做连接一边继续钩织。下面为大家介绍2种连接方法。

◎用引拔针做连接 用于连接镂空花片

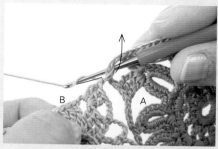

1. 在花片B的最后一圈，从上方将钩针插入花片A的锁针空隙里挂线引拔。

2. 花片A和B连接在了一起。继续钩织花片B。

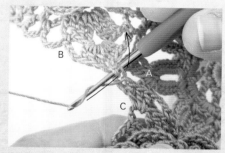

3. 在花片A和B的连接点上连接花片C。在花片B的引拔针根部2根线里插入钩针挂线引拔。

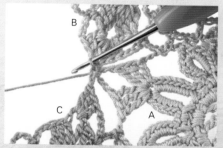

4. 花片A、B、C连接在了一起。继续钩织花片C。

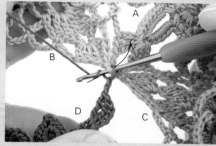

5. 在花片A~C的连接点上连接花片D。与步骤3一样，在花片B的引拔针根部2根线里插入钩针挂线引拔。

◎在针目的头部做连接 在花片的连接点针目上做连接

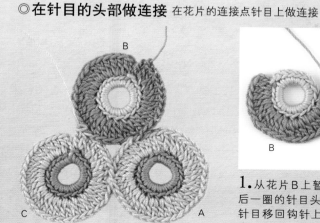

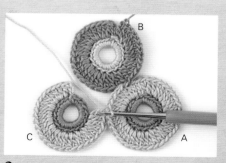

1. 从花片B上暂时取下钩针，在花片A最后一圈的针目头部插入钩针。将花片B的针目移回钩针上，从花片A的针目头部拉出。

2. 回到原来的花片继续钩织。用相同方法将花片C连接在花片A和B上。按"94 c圆环"（参照p.67）的要领做好线头处理。

迷你围巾

将网格针围巾的两端钩织成V字形，再将花朵、叶子、果实等花片错落有致地排列好，并用网格针连接在一起。

钩织方法⋯p.85、122

花片/4 铁线莲，10 山茶花〔不含花芯〕，13 三层花瓣的玫瑰，56、58 a玫瑰的叶子，68 叶子，71 鹅掌柴，74 果实，94 圆环

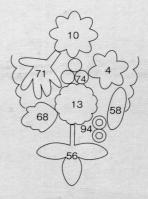

迷你围巾花片连接

图片…p.84

[花片] 4 铁线莲 2 朵…p.14，10 山茶花（不含花芯）2 朵…p.42，13 三层花瓣的玫瑰 2 朵…p.42，56、58a 玫瑰的叶子 各 2 片…p.38，68 叶子 2 片…p.71，71 鹅掌柴 2 片…p.43，74 果实 6 个…p.65，94d 圆环 4 个…p.59

[连接要点] 使用与围巾、花片相同的线和钩针连接。

①…排列花片，用分股线缝合花片的连接点。

②…钩织用于连接花片与围巾的基底。

③…从侧边的边缘开始钩织，连接花片与围巾。

④～⑩…分别接线，用网格针连接花片。在织物的反面做好线头处理。请参照 p.86 的步骤详解。

① —— = 连接点

[实物大小]

▷ = 钩织起点
▶ = 钩织终点

要点

围巾的主体部分以及花片全部用蒸汽熨斗喷上蒸汽进行整烫，整理好形状后再进行连接。因为钩织时每个人带线的松紧度不同，花片的大小和形状会有所差异。编织图中连接花片的锁针针数以及引拔位置仅供参考。请根据自己钩织的花片进行适当调整。

用网格针做连接—1

下面试试将钩织好的花片连接在网格针围巾的末端吧。
先排列好花片，再用网格针填补花片之间的空隙。
分区块依次接线钩织。

※ 实际编织时，全部使用相同的线。为了便于理解，图中使用了与作品不同颜色的线

①缝合花片的连接点

1. 将编织线捻松后分成2股，制作"分股线"。

2. 按成品图排列花片，将分股线穿入缝针，缝合花片的连接点。

3. 花片的连接点缝合完成。注意正面的缝合线不要太明显。

②钩织基底

4. 在花片上插入钩针接线。

5. 结合花片的凹凸形状，用合适的针目和锁针钩织基底。

6. 基底钩织完成。

③连接花片与围巾

  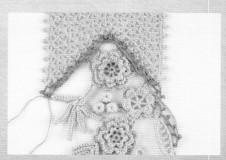

7. 在花片上接线，从边缘开始钩织。

8. 一边在花片的基底上钩织网格针，一边与围巾做连接。

9. 花片与围巾连接完成。

④连接玫瑰的叶子和圆环

10. 在玫瑰的叶子上插入钩针接线。

11. 钩织3针锁针。

12. 在圆环花片上引拔。

13. 在玫瑰的叶柄上钩织长针。

14. 这是最后的引拔针。为了方便钩织，一边转动花片一边做连接。

15. ④钩织完成。

⑤连接玫瑰的叶子和叶子

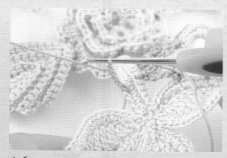

16. 在玫瑰的叶柄上接线引拔，接着钩织5针锁针的网格针和引拔针。

17. 网格针的第2行将织物翻至反面钩织。

18. ⑤钩织完成。

⑥～⑩连接玫瑰的叶子、圆环、铁线莲、山茶花、鹅掌柴

19. 在圆环上接线钩织⑥，完成后的状态。

20. 钩织⑦。在铁线莲的花瓣上接线，沿着鹅掌柴的周围钩织。长针和长长针是将织物翻至反面钩织。

21. 接着钩织边缘，在叶子上引拔后将线剪断。⑦钩织完成。

22. 在铁线莲与山茶花（不含花芯）之间钩织⑧，完成后的状态。

23. 在果实上接线，在鹅掌柴与基底之间钩织⑨，完成后的状态。

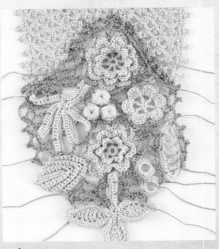

24. 最后钩织⑩。至此，花片之间的空隙就用网格针连接完成了。

线头处理

25. 将连接花片后的线头穿入缝针，在织物的反面穿针。

26. 在刚才穿针部分跳过1针往回穿针，线头就不会松开了。

27. 贴着织物将线剪断。

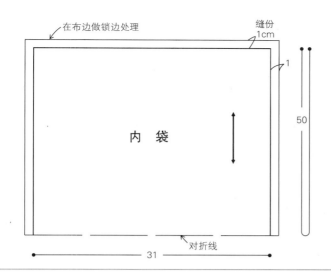

在布边做锁边处理

缝份
1cm

1

50

内　袋

对折线

31

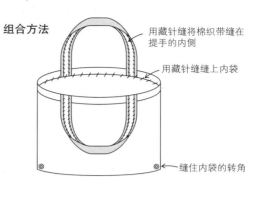

组合方法

用藏针缝将棉织带缝在
提手的内侧

用藏针缝缝上内袋

缝住内袋的转角

花片的排列图（实物大小）

接 p.118 三叶草和圆环花片的收纳包

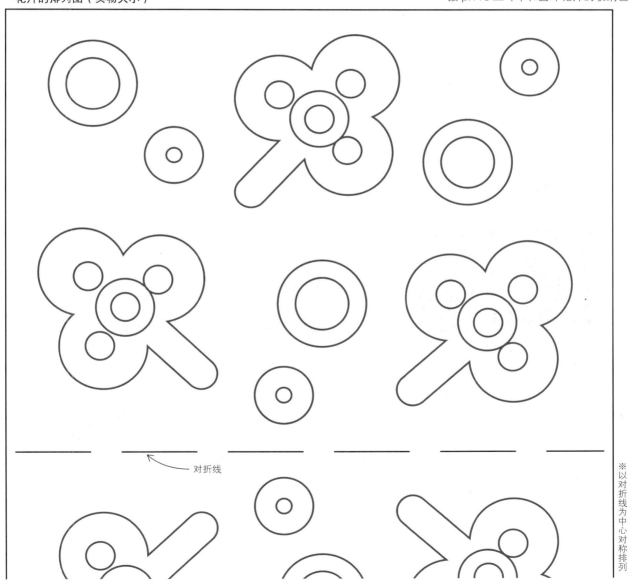

对折线

※以对折线为中心对称排列

117

三叶草和圆环花片的收纳包 图片…p.90

[材料和工具] 线…奥林巴斯 Emmy Grande 原白色（804）30g，针…蕾丝钩针2号，其他…平纹棉布19cm×27cm，拉链16cm（剪20cm备用）
[花片] 52 三叶草6片…p.76，94 f 圆环、94 e 圆环各7个…p.59
[成品尺寸] 18cm×13cm

[钩织要点] 钩织花边和指定数量的花片。参照p.91、p.89的步骤详解，从反面连接花片，钩织主体。将主体正面朝外对折，在花边的两侧做弓字形缝合。参照图示，制作内袋。将主体套在内袋上，缝合包口和侧边。将挂饰系在拉链头上。

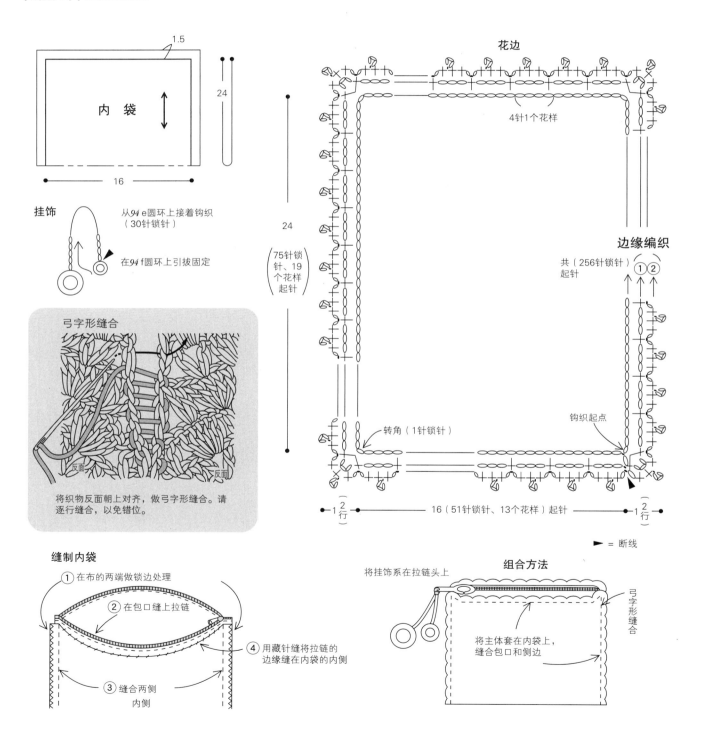

1.5

内 袋

24

16

24

75针锁针、19个花样起针

挂饰

从94 e圆环上接着钩织（30针锁针）

在94 f圆环上引拔固定

花边

4针1个花样

边缘编织

共（256针锁针）起针

弓字形缝合

将织物反面朝上对齐，做弓字形缝合。请逐行缝合，以免错位。

反面

反面

转角（1针锁针）

钩织起点

16（51针锁针、13个花样）起针

1 2行

1 2行

► = 断线

缝制内袋

① 在布的两端做锁边处理
② 在包口缝上拉链
④ 用藏针缝将拉链的边缘缝在内袋的内侧
③ 缝合两侧内侧

组合方法

将挂饰系在拉链头上

将主体套在内袋上，缝合包口和侧边

弓字形缝合

圆环连接的束口袋 图片…p.104

[材料和工具] 线…奥林巴斯 Emmy Grande
米色系：<Herbs> 浅米色（732）35g、卡其
色（721）25g/ 藏青色：藏青色（318）60g
针…蕾丝钩针2号
[花片] 94 b 圆环 54 个、94 a 圆环 4 个，95 圆
环 67 个…p.59
[成品尺寸] 宽18cm，深15cm
[制作方法] 从底部中心的"95 圆环"开始钩
织。从第 2 个圆环开始，一边钩织一边在最
后一圈与相邻圆环做连接（参照 p.83）。在完
成连接的"95 圆环"的空隙里，钩织并连
接"94 b 圆环"。钩织 2 根罗纹绳（参照 p.114）
用作抽绳，参照图示穿入穿绳位置完成组合。

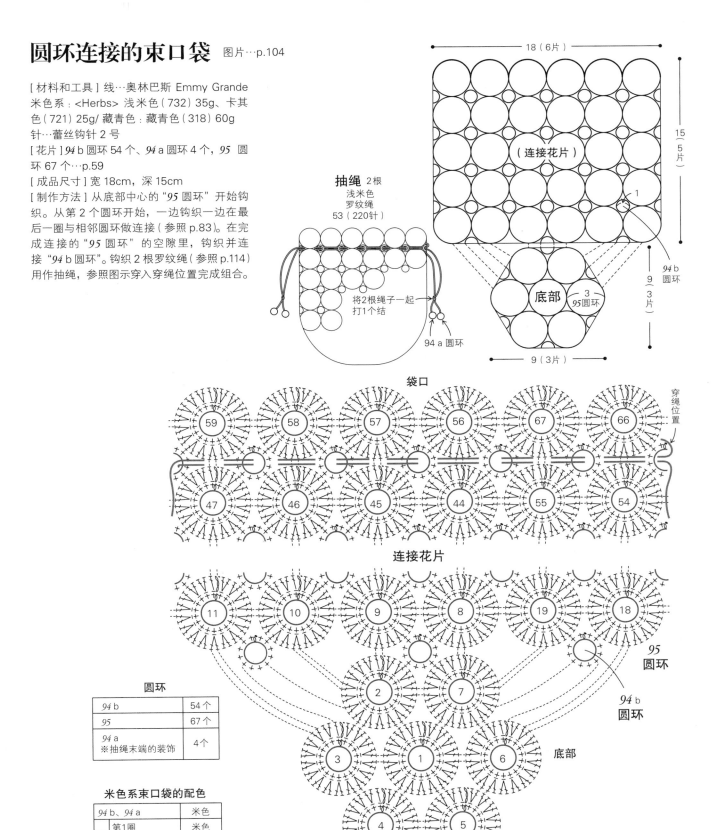

圆环	
94 b	54 个
95	67 个
94 a ※抽绳末端的装饰	4 个

米色系束口袋的配色

94 b、94 a		米色
95	第1圈	米色
	第2圈	浅米色

119

扁平手提包 图片…p.82

[材料和工具] 线…奥林巴斯 Emmy Grande 黑色（901）120g
针…蕾丝钩针 2 号，其他…平纹棉布 28cm×54cm
[花片] 46 向日葵 10 朵，47 海石竹 8 朵…p.31
[成品尺寸] 宽 26cm，深 27cm

[钩织要点] 钩织 2 片主体，将花片最后一圈的锁针改成引拔针连接花片（参照 p.83）。从主体的周围挑针，钩织 4 行边缘。再将 2 片主体正面朝外对齐，在 3 条边上做卷针缝缝合。在包口钩织短针的棱针。钩织 2 根提手，缝在包口。制作内袋，夹住提手用藏针缝缝在包口。

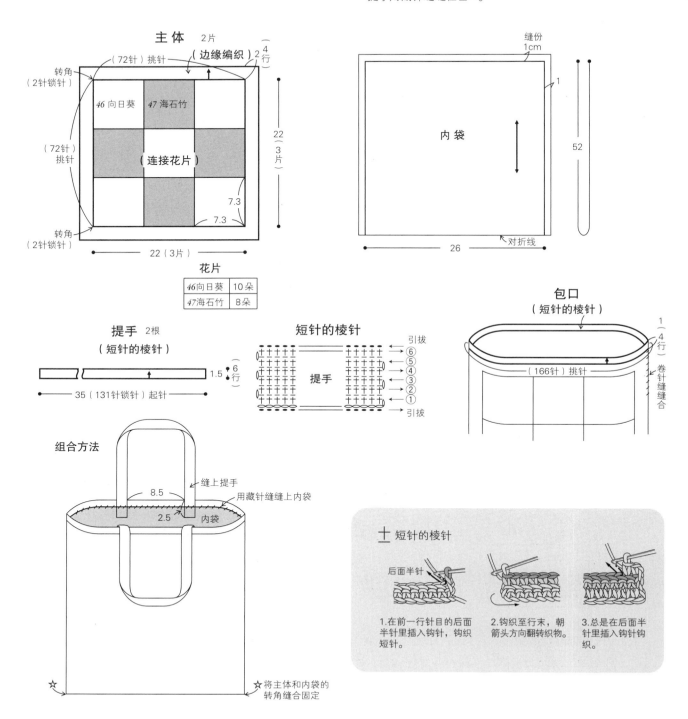

120

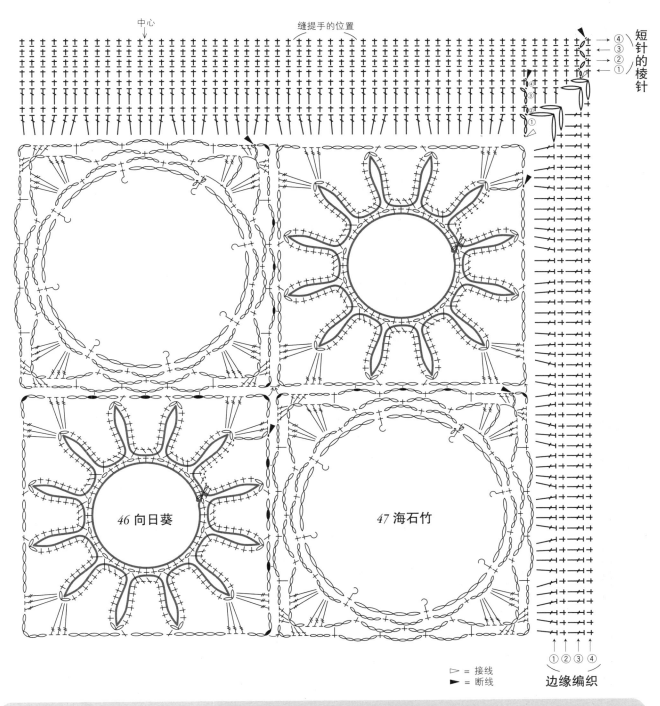

中心　　　　缝提手的位置　　　　　　短针的棱针

④
③
②
①

46 向日葵

47 海石竹

▷ = 接线
► = 断线

① ② ③ ④　边缘编织

迷你围巾 图片…p.84

[材料和工具] 线…奥林巴斯 Emmy Grande 米色（731）65g
针…蕾丝钩针 2 号
[花片] 参照 p.85
[成品尺寸] 12cm×106cm

[制作方法] 在围巾的中间锁针起针，分上、下两部分钩织。第 1
行从起针锁针的半针和里山挑针开始钩织，无须加减针钩织 49
行。从 V 字形切口开始，分成左、右两边钩织。另一侧在起针
的锁针上整段挑针，参照图示按相同要领钩织。在 V 字形切口
处钩织并连接花片（参照 p.85）。

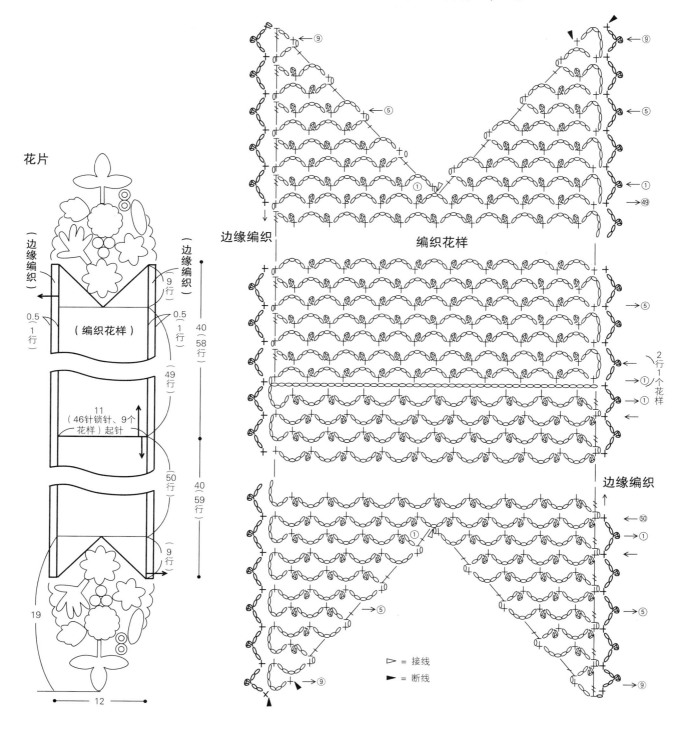

花片

边缘编织 边缘编织

（编织花样）

0.5（1行） 0.5（1行）

9行 9行

40（58行）

11（46针锁针、9个花样）起针

49行

50行

40（59行）

19

12

边缘编织 编织花样

2行1个花样

边缘编织

▷ = 接线
► = 断线

122

环保网兜和零钱包 图片···p.92

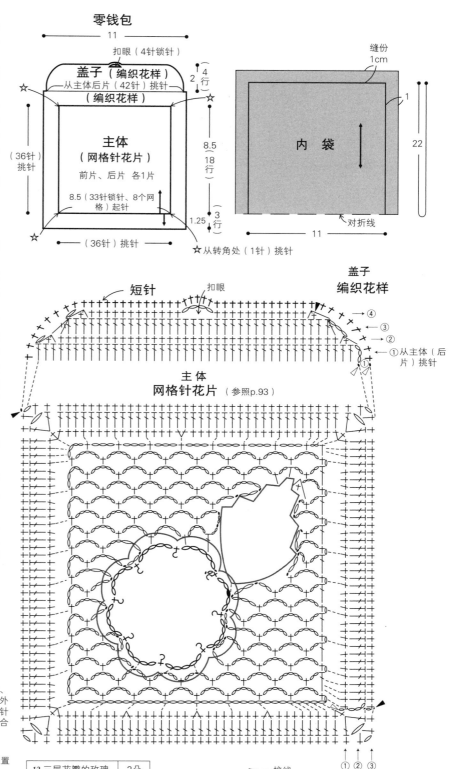

[材料和工具] 线···奥林巴斯 Emmy Grande <Herbs> 网兜:沙米色(814)100g/ 零钱包:棕色(745)25g

针···蕾丝钩针2号,其他···零钱包 平纹棉布13cm×24cm

[花片] 网兜:12 三层花瓣的玫瑰10朵···p.68,68 叶子8片···p.71,75 果实1个···p.65/零钱包:12 三层花瓣的玫瑰2朵···p.68,68 叶子2片···p.71,75 果实1个···p.65

[密度] 10cm×10cm 面积内:网格针10个网格,18行

[成品尺寸] 网兜:宽约34cm/ 零钱包:11cm×11cm

[钩织要点] 分别参照 p.93 的步骤详解,钩织所需数量的网格针花片。

网兜:将8个网格针花片连接成环形。钩织主体和提手。从连接花片上挑针,环形钩织至第5行。从第6行开始将主体分开钩织,继续钩织至提手。底部钩织2片花片(以下称为"底部花片A"和"底部花片B")。底部花片A完成后接着钩织网格针,与上面的连接花片做连接。在底部花片A的反面缝上装饰花片。将另一片底部花片B(正面)与底部花片A(反面)重叠,留出返口进行连接。在底部花片A的内侧缝上果实作为纽扣。对齐提手的钩织终点做卷针缝缝合,再在袋口和提手的边缘钩织1行短针调整形状。

零钱包:钩织主体(前、后片)。分别从2个网格针花片的周围挑针,按编织花样钩织3行。主体(后片)在包口位置钩织盖子。将主体的前、后片正面朝外对齐,在3条边上做半针的卷针缝缝合。在盖子的周围钩织短针调整形状。在主体(前片)缝上果实作为纽扣。制作内袋,放入主体内,并在包口做藏针缝缝合。

零钱包的组合方法

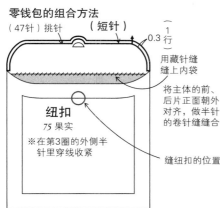

(47针)挑针 (短针)
(1行)
0.3

用藏针缝缝上内袋

将主体的前、后片正面朝外对齐,做半针的卷针缝缝合

纽扣
75 果实
※在第3圈的外侧半针里穿线收紧

缝纽扣的位置

零钱包

11

扣眼(4针锁针)

盖子(编织花样)
从主体后片(42针)挑针
(编织花样)

主体
(网格针花片)
前片、后片 各1片

8.5(33针锁针、8个网格)起针

(36针)挑针

(36针)挑针

☆从转角处(1针)挑针

2(4行)

8.5(18行)

1.25(3行)

缝份 1cm

内袋

对折线

11

22

1

盖子 编织花样

短针   扣眼

①从主体(后片)挑针
②
③
④

主体
网格针花片 (参照p.93)

▷ = 接线
► = 断线

①②③

编织花样

12 三层花瓣的玫瑰	2朵
68 叶子	2片
75 果实	1个

123

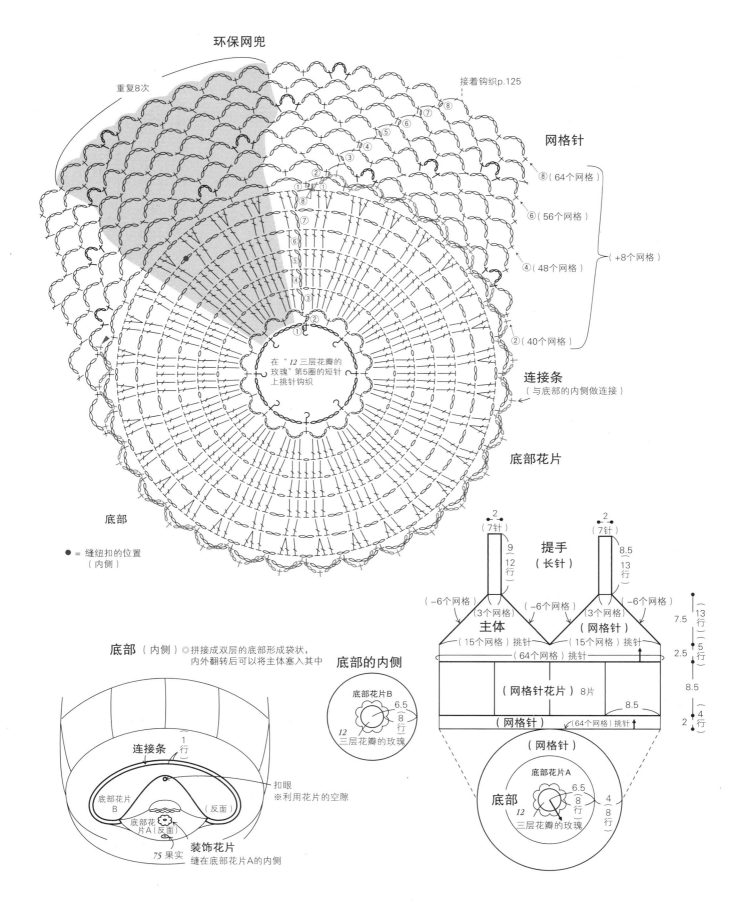

环保网兜

重复8次

接着钩织p.125

网格针

⑧(64个网格)

⑥(56个网格)

(+8个网格)

④(48个网格)

②(40个网格)

连接条
（与底部的内侧做连接）

在"12 三层花瓣的玫瑰"第5圈的短针上挑针钩织

底部花片

底部

● = 缝纽扣的位置（内侧）

底部（内侧）◎拼接成双层的底部形成袋状，内外翻转后可以将主体塞入其中

底部的内侧

底部花片B

6.5
8行

12 三层花瓣的玫瑰

连接条

1行

扣眼
※利用花片的空隙

底部花片B（反面）

（反面）

底部花片A（反面）

装饰花片
缝在底部花片A的内侧

75 果实

提手（长针）

2（7针）

9（12行）

2（7针）

8.5（13行）

（-6个网格）

（3个网格）

主体

（-6个网格）

（网格针）

（3个网格）

（-6个网格）

（15个网格）挑针

（15个网格）挑针

（64个网格）挑针

7.5（13行）

5行

2.5

（网格针花片）8片

8.5

8.5

（网格针）

（64个网格）挑针

2（4行）

（网格针）

底部花片A

底部

6.5
8行

4（8行）

12 三层花瓣的玫瑰

124

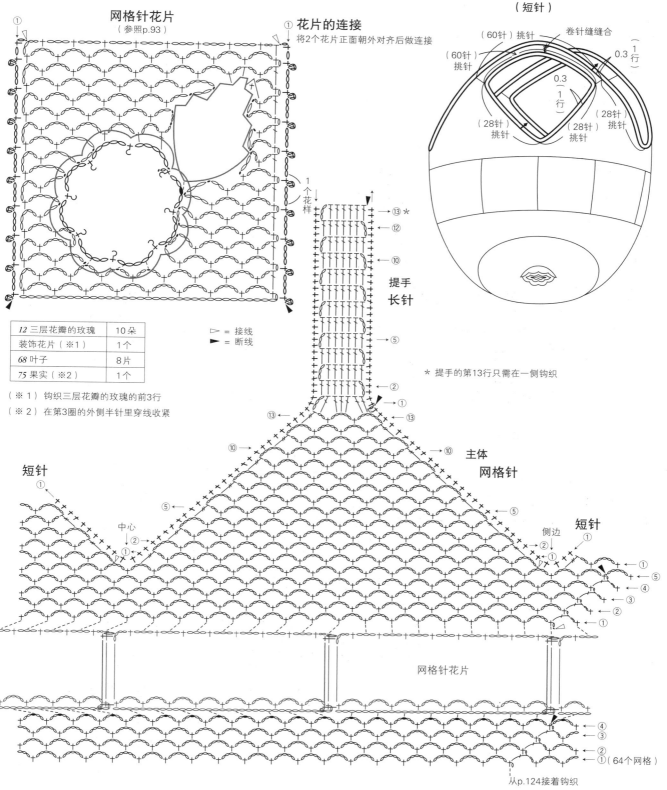

网格针花片
（参照p.93）

花片的连接
将2个花片正面朝外对齐后做连接

袋口和提手的边缘
（短针）

（60针）挑针　卷针缝缝合

（60针）挑针

0.3（1行）

0.3（1行）

（28针）挑针　（28针）挑针　（28针）挑针

1个花样

提手 长针

12 三层花瓣的玫瑰	10朵
装饰花片（※1）	1个
68 叶子	8片
75 果实（※2）	1个

（※1）钩织三层花瓣的玫瑰的前3行

（※2）在第3圈的外侧半针里穿线收紧

▷ = 接线
► = 断线

* 提手的第13行只需在一侧钩织

短针

主体 网格针

中心

侧边

短针

网格针花片

（64个网格）

从p.124接着钩织

125

装饰领 图片…p.105

[材料和工具] 线…奥林巴斯 Emmy Grande 浅米色（731）55g
芯线…取 1320cm 长的线折成 4 根（330cm×4 根）
针…蕾丝钩针 2 号
[花片] 27 雏菊 2 朵…p.22，35 牛舌草（长茎）2 朵、（短茎）8
朵…p.26，58 玫瑰的叶子 b 10 片…p.38
[密度] 10cm×10cm 面积内：编织花样 8 个网格，13 行（外侧）
[成品尺寸] 参照图示

[钩织要点] 装饰领在后中心锁针起针，参照图示一边向外扩展一边按编织花样钩织 64 行。接着从起针的另一侧挑针，左右对称地钩织 63 行。在领尖加入芯线，包住芯线以及衣领周围的针目钩织边缘。如图所示，在边缘编织的指定位置接线钩织罗纹绳（参照 p.114），并在绳子的末端缝上花片。将花片排列在衣领的正面，用分股线缝合固定（参照 p.81）。

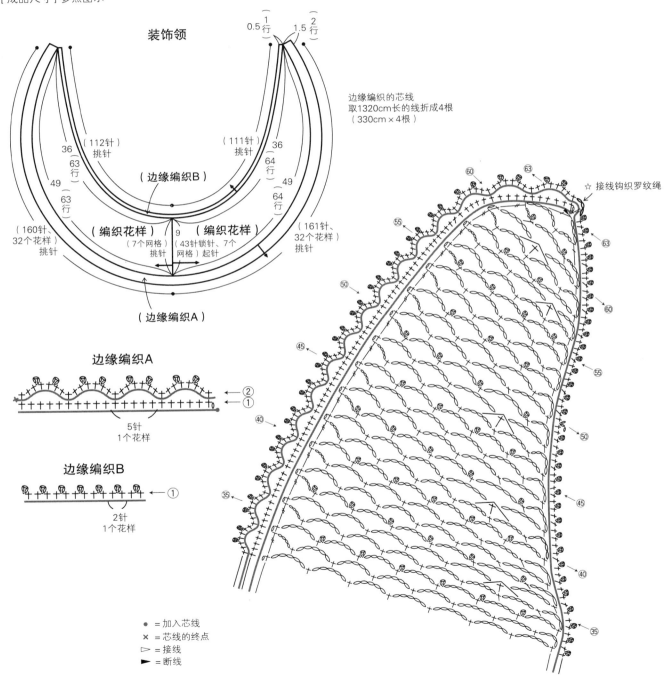

装饰领

边缘编织A
5针
1个花样

边缘编织B
2针
1个花样

边缘编织的芯线
取 1320cm 长的线折成 4 根
（330cm×4 根）

● ＝加入芯线
× ＝芯线的终点
▷ ＝接线
► ＝断线

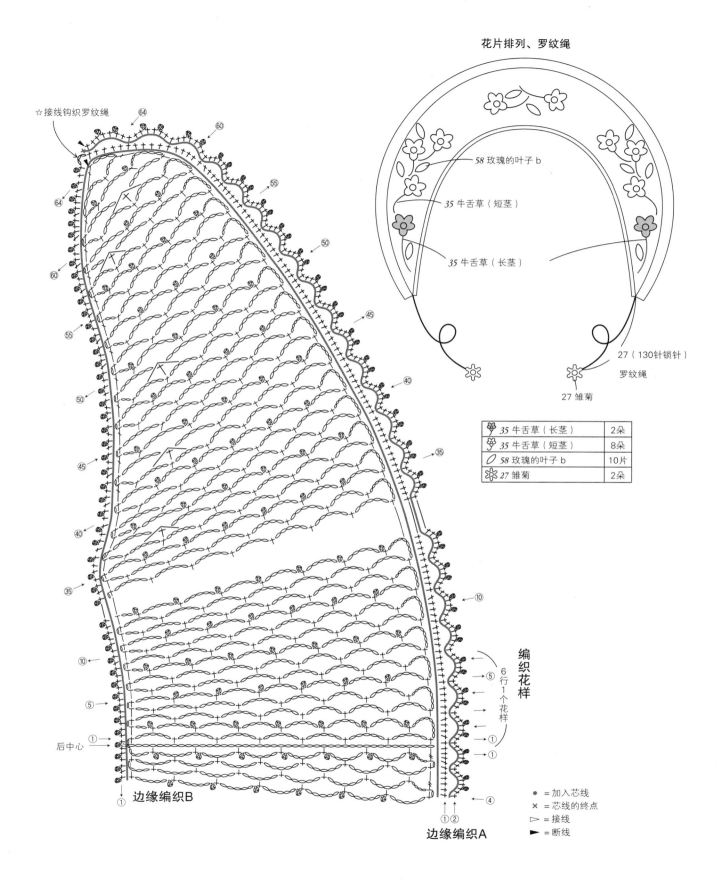

☆接线钩织罗纹绳

64

60

55

50

45

40

35

10

5

①

64

64

60

55

50

45

40

35

10

5

①

后中心

边缘编织B

①

边缘编织A

①②

④

58 玫瑰的叶子 b

35 牛舌草（短茎）

35 牛舌草（长茎）

27（130针锁针）

罗纹绳

27 雏菊

35 牛舌草（长茎）	2朵
35 牛舌草（短茎）	8朵
58 玫瑰的叶子 b	10片
27 雏菊	2朵

编织花样

6行1个花样

⑤

①

①

• = 加入芯线
× = 芯线的终点
▷ = 接线
► = 断线

127

ZOHOKAITEIBAN HAJIMETE NO IRISH CROCHET LACE MOTIF100（NV70639）

Copyright © Mayumi Kawai/NIHON VOGUE-SHA 2021 All rights reserved.

Photographers: Toshikatsu Wananabe, Satomi Ochiai, Noriaki Moriya

Original Japanese edition published in Japan by NIHON VOGUE Corp.

Simplified Chinese translation rights arranged with BEIJING BAOKU INTERNATIONAL

CULTURAL DEVELOPMENT Co., Ltd.

备案号：豫著许可备字-2021-A-0122

作者简介

河合真弓（Mayumi Kawai）

从日本宝库社编织指导员培训学校毕业后，曾在Eiko Tobinai开办的"Tobinai工作室"担任助理，后自立门户。

经常向编织时尚杂志、手工杂志以及各大线商投稿并发表各种手编作品，活跃在多个领域。

著作有《从零开始学蕾丝钩编》（朝日新闻出版）等。

[花片和作品制作协助]

冈田昌子　冲田喜美子　堀口美雪　根本绢子　石川君枝　关谷幸子　羽生明子　栗原由美

图书在版编目（CIP）数据

零基础爱尔兰蕾丝钩织花片100 /（日）河合真弓著；蒋幼幼译. —郑州：河南科学技术出版社，2023.11（2024.11重印）

ISBN 978-7-5725-1309-1

Ⅰ. ①零… Ⅱ. ①河… ②蒋… Ⅲ. ①钩针-编织 Ⅳ. ①TS935.521

中国国家版本馆CIP数据核字（2023）第169935号

出版发行：河南科学技术出版社
　　　　　地址：郑州市郑东新区祥盛街27号　　邮编：450016
　　　　　电话：（0371）65737028　　65788613
　　　　　网址：www.hnstp.cn

责任编辑：刘　欣　刘　瑞
责任校对：王晓红
封面设计：张　伟
责任印制：张艳芳
印　　刷：河南新达彩印有限公司
经　　销：全国新华书店
开　　本：889 mm×1 194 mm　1/16　印张：8　字数：180千字
版　　次：2023年11月第1版　2024年11月第2次印刷
定　　价：59.00元

如发现印、装质量问题，影响阅读，请与出版社联系并调换。